简单即幸福

给人生做减法

张丽莹 编著

南京出版传媒集团
南京出版社

图书在版编目（CIP）数据

简单即幸福：给人生做减法／张丽莹编著．--南京：南京出版社，2017.4

ISBN 978-7-5533-1730-4

Ⅰ．①简… Ⅱ．①张… Ⅲ．①人生哲学－通俗读物 Ⅳ．①B821-49

中国版本图书馆CIP数据核字（2017）第066797号

书　　名：简单即幸福：给人生做减法
作　　者：张丽莹
出版发行：南京出版传媒集团
南 京 出 版 社
社　　址：南京市太平门街53号　**邮　　编**：210016
网　　址：http://www.njcbs.cn　**电子信箱**：njcbs1988@163.com
淘宝网店：http://njpress.taobao.com　**天猫网店**：http://njcbcmjtts.tmall.com
联系电话：025-83283893、83283864（营销）　025-83112257（编务）

出 版 人：朱同芳
出 品 人：卢海鸣
责任编辑：余　力
装帧设计：A BOOK · 殷舍
责任印制：杨福彬

印　　刷：三河市兴国印务有限公司
开　　本：880毫米×1280毫米　1/32
印　　张：7.5
字　　数：150千字
版　　次：2017年4月第1版
印　　次：2017年4月第1次印刷
书　　号：ISBN 978-7-5533-1730-4
定　　价：32.00元

淘宝网店　天猫网店

营销分类：励志

简单生活的诗意

古老的东方哲学给予我们一个启示：幸福不是物质的富足，而是回归简单、质朴无华的自然之境，达到心灵上的诗意栖居。

对于身处现代生活中的我们而言，我们一方面享受着便利的资源、多彩的选择，但另一方面也因更多的诱惑、更沉重的压力而透支。能沉下心去思考幸福含义的人越来越少，在混乱的环境中迷失自我的人却越来越多。人们分不清“真正想做的事”和“真正重要的事”，而在生活的沉重负担里、心智的迷茫中，想全都占有、全部获取，人生也因此变重了。

人生苦短，每一分、每一秒都很珍贵，我们需要把生活“浪费”在美好的事物上，所以人生需要精简，回归本质。人生精彩与否，不在于拥有多少物品，而在于拥有多少让自己感到愉悦的时间，而过上极简生活的第一步就是减少身边的东西。人生有时“少”就是“多”，简化人生先要把需要与欲望区分清楚，尽可能减少身外之物，简化不需要的东西，摒除让自己徒增烦恼的人和事，简单地生活，往往更能与幸福相约。

简单生活里蕴藏着无限的诗意，无限的自由和无限的美好。因为幸福是微小心愿的达成，是身体和精神上每时每刻的操练，是不停歇的战斗。而这一切都很简单，都来自内心的渴望和追求，而不是外在的欲望，不是那些复杂的痴念。所以幸福有时就在我们身边。倾听内心，剥离复杂的欲念和占有欲，就能够拥有幸福。

法国女作家多米尼克·洛罗曾说：“人生最理想的状态是——只拥有绝对必需之物，生活在一个梦想之地，居室无可指摘，身体经过了劳动的锤炼，灵活而保养得很好，同时还能完全独立生活。”达到了这样的状态，精神将能保持自由，并对未知事物保持开放。这就是一种心态带来的精致人生。不妨在生活中学会做“减法”，你会发现，生活简单了，内心反而更加光芒万丈。

目 录

第二章
失去的就放下吧

第三章
简单生活就是减少欲望

第四章
专注一件事情、一个方向

第五章
简单生活，就是知行合一

第一章 重压之下，未必有勇夫

人生不必负重前行

每个人都是赤条条地降临到这个世界的，随着年龄的增长，我们开始给自己的身上不断地添加砝码，这些砝码是欲望，是占有，是金钱，是权力……我们拥有的越来越多，身躯和精神的负荷也越来越重，那些舍不掉的钱财，割不断的感情，放不下的功名，通通压得我们喘不过气来。贪欲之心也越来越重，我们总在追寻，要了这个要那个，眼睛似乎永远盯着我们得不到的东西。所以人生变成了一道道加法题。

而人生的很多痛苦，恰恰是由这道加法得来的。

有个叫阿圣的人，是公司运营部的总监。他平时在公司工作很踏实，生活中也是一个很顾家、很憨厚的老实人，对老板忠诚，对妻子温柔，对孩子宠爱，算得上是一个好员工、好丈夫、好爸爸。他虽然赚钱不多，开的也是二手车，住的是租来的小房子，生活却很充实、快乐。

有一次，他的妻子莎莎去参加大学同学会，回家后，便有些闷闷不乐。

阿圣问她："宝贝儿，你今天怎么了？碰到什么不高兴的事了吗？跟我说一说，看看能不能解决。"

莎莎叹了一口气说："也没什么，只是看到那些老同学一个个事业有成，开着豪华的轿车，我们却连一辆普通的新车都没有，有些难过。"

"新车？我们有一辆可以开的车就可以了呀……"看到妻子不太高兴，阿圣又改口说，"不过，买一辆新车也不错。那我们就买一辆吧！明年之前，我一定会攒够买新车的钱的。"

为了买新车，阿圣每天都起早贪黑，白天去公司上班，晚上还要做兼职。一年过去了，他瘦了一圈，不过总算攒够了买新车的钱。

把新车开回家，阿圣心里十分得意。他跟妻子说："为了这辆新车，我们去庆祝一下吧！"

没想到莎莎却说："这有什么值得庆祝的？为了买这辆车，全家省吃俭用，已经整整一年没有出去旅游了。看看人家小小，一家人过得多么自在逍遥啊！"

小小是莎莎的好朋友，她的丈夫开着一家公司，效益很不错。他们住在高档小区里，每个暑期都要去阿尔卑斯山下度假，旅游时拍下的照片，已经装满好几本相册了。照片中美丽的风光和灿烂的笑靥，真是让人羡慕不已。

“可是，我们没那么多钱啊！”阿圣刚想辩驳，看见妻子的脸色不好看，赶紧哄道，“不过，一年旅游一次还是可以的。明年夏季，我们也去阿尔卑斯山下避暑吧。”

为了兑现诺言，实现去阿尔卑斯山旅游的梦想，阿圣不得不更加拼命工作。为了赚更多钱，他还常常把兼职工作带回家来，一干就是一个通宵。次年夏天，他终于攒够了去瑞士旅游的钱。

“好啦，好啦，出发吧。”按理说，度假是为了休闲、娱乐，应该快快乐乐才是，但结果，不到半个月，他们一家就提前结束旅游回到了家。

“你看看，出国旅游也没有多大意思，你还非要吵着去。”阿圣对妻子说。

“这都怪你！整天都无精打采的，大白天打瞌睡，买些纪念品还要阻拦我，太扫兴了。”

“我那么拼死拼活地赚钱，能不累吗？你还不体谅我，花钱那么大手大脚。”

“都怪你没本事，干了这么多年还只是一个小总监，赚的钱还不及别人的一半。不说别的，你至少也得为孩子着想一下。别人家的孩子都能上最好的学校，家里都有一大堆玩具，我们的孩子从小到大却只有一个维尼熊做朋友……”说到这里，莎莎哽咽起来。阿圣的气消了下去，心里有些自责，觉得自己对不起妻儿，让他们跟着自己受苦了。

为了满足妻子的愿望，阿圣又开始没日没夜地拼命工作，常常顾不上吃饭。但是，无论他怎么努力，却总也满足不了妻子的愿望。好不容易一个小目标实现了，她的头脑中又会马上蹦出三个新的目标。什么时候才是个头啊？

有时候，阿圣也觉得好累，身体累，心也累。可他不能停下来，甚至连喘息的时间都没有。因为有太多需要做的事情了。

在这些事情中，赚钱是第一要务：每个月的房租、汽车的油费、日常开销、给孩子买钢琴和玩具的钱、给妻子买昂贵衣服和首饰的钱。此外，他还要为一家人来年的旅游做好准备，为妻子买一辆新车攒钱，为凑齐买大房子的首付攒钱……

这么多花钱的地方，靠他现有的薪金根本应付不过来。为此，他不得不拼命做兼职，一份、两份，两份还不够就三份、四份……然而，这样做往往得不偿失，这些兼职没有给他带来多少收益，反而影响了他的正常工作。最近，阿圣总是在工作上出现失误，领导已经对他发出警告，再这样下去他总监的职位就保不住了。

工作上的不顺心已经让他心力交瘁了，但是回到家却还要听妻子抱怨：“一年一年，你怎么没有一点长进呢？薪酬没变，职位也没变。你那些老同学哪个不是经理、主管啊？你却连一个项目经理都当不上。

“你心中还有这个家吗？你有没有想过多久没开车陪儿子去海边了？

“我是个保姆吗？为什么看孩子、干家务都是我一个人的事儿？你搭一把手就不行吗？”

听到妻子说这样的话，阿圣心里十分难受，有时候也忍不住发泄几句心中的不满。他觉得妻子不体谅他，还对他冷嘲热讽，分明是瞧不起他。

他想不明白，为什么自己那么辛苦工作，却还是不能改善生活，也不能讨妻子欢心，连儿子尼可也似乎对他颇有意见，总是离他远远的，不愿意亲近他了。

一天，又急又愁的阿圣累倒了。躺在病床上，他的心却还一直惦记着工作，盼望自己能快点好起来，结果，病却迟迟不好。三天后，他实在耐不住性子，趁护士不防备，自己拔掉了手上的针头，穿上鞋就要下床。

“先生，你现在身体很虚弱，千万不要动。”医生赶来阻劝他。

“我得立刻回去上班，我在这儿已经待了三天了，不能再待下去了。”

“可是你还没回到办公室，又会马上回到这里来。如果你再那样不要命地工作，总有一天会彻底垮掉的。”

这时，在一旁的妻子听医生的语气那么郑重，也劝丈夫先躺下，过几天再出院。但阿圣还是坚持要回公司上班，医生怎么劝也劝不住。

“你不让我出院，那些完不成的事儿怎么办？买房子的首付还差得远呢。”

“买房子就差这一两天吗？”医生不解地问。

“可是，我还有好多别的事情要做啊……”接着，老实的阿圣就掰着手指头，把今年他答应妻子、答应孩子的事儿一一说了一遍。

“你这样生活太累了。一个人就像一座房子，你不断往里面添家具，再大的房子也会被装满。到时候，你又要说‘这房子怎么这么小啊’。但你可否想过，房子里的家具不是越多越好，有几件必需的就足够了。对一个人来讲，世界上有那么多的事，你干得过来吗？我们总得挑着干。那些重要又紧急的最先干；那些重要却不着急的可以缓一缓，有计划地安排着干；那些可干可不干的就不干。依我看，好好养病对你来说就是当务之急。不过，对你来说哪些事重要，哪些事不重要，还得你们夫妻俩自己商定。”医生说完，摇摇头走了出去。

听完医生的话，夫妻俩四目相对，若有所思。沉思了一会儿，莎莎对阿圣说：“亲爱的，我觉得医生讲得很有道理。现在，你先把身体养好再说。买房子的问题，可以缓一缓呀。”

“可是，今年给你买新车的钱也不够啊！”

“但医生说你再不好好休养就要得大病了。到时候，钱都进了医院，车还是买不了啊！”

“那怎么办呢？”阿圣急得直咳嗽，差一点就晕倒了。看他这个样子，莎莎赶紧说：“我那辆车又不着急，其实干脆不买也行。我只是觉得别人都有，自己也想买一辆。现在仔细想想，平时用到的机会也不多。”

阿圣想了想又说：“可是我答应在儿子生日时送给他一架钢琴的。小小的孩子既然有一架，咱们也不能委屈了儿子啊！”

“没关系，先给他买个电子琴吧。我来说服他。”

听完妻子这些话，阿圣感动得说不出话来。没想到，妻子还是很体贴他、心疼他的。病愈回到家，他们一起将未来的生活梳理了一遍。他们先把原计划要做的大大小小的事情罗列在纸上，然后把今年必须做的事标红，把必须做但可以慢慢来的事标黄，再把那些没必要做的事打上叉。

还不到两个小时，这项梳理工作就完成了。拿着这张花花绿绿的纸一看，夫妻俩惊讶得瞪大了眼睛：标红的事情不到十件，标黄的事情只有五件，剩下的好几十件竟都被打上了叉！原来，自己的生活中可以砍去这么多没有必要做的事情啊！看着满纸的叉，阿圣顿时感到浑身放松，心里十分轻松、舒畅。

没了那么大压力，阿圣也不必再那么辛苦了。他辞掉了兼职，专心致志地投入到自己的本职工作中，工作效率有了很大提高。一年后，他被提升为项目经理，薪酬也翻了几番。工作轻松了，赚钱多了，陪伴家人的休闲时光也多了。

几年后，他们一家搬进了宽敞明亮的新居，莎莎的新车有了着落，儿子的钢琴也买了，一家人还经常一起出去旅游……真是“踏破铁鞋无觅处，得来全不费工夫”啊！原来，当人生是一道减法的时候，生活就是这么简单，快乐就是这么简单。

心灵悟语

重压之下，未必有勇夫。勇夫的前提也是在学会享受生活的前提下，给自己的身上施加多一点的压力。人生注定是一场身心疲惫的旅行，当你试图把所有东西都装进行囊的时候，生活一定会不堪重负。所以懂得给自己的人生做减法，慢一点，适时地做一些减法，轻装上阵，人生的美好才会降临在你眼前。

知足，才能轻装上阵过生活

《道德经》有云："祸莫大于不知足。"心若不知足，看到的只会是自己得不到的东西，然后便会起欲念之心，从而想去获得，于是又起了贪念之心，对不可得之物起了占有之心，渴望而不得，心中便起了烦恼之心。恶性循环以后，烦恼越来越多，记于心头，殊不知这一切都是因为不知足。不知足，就不快乐，心就无法获得简单的满足。而知足，却是快乐的源泉。知足可以常乐，知足的人，看到的是自己拥有的，所以，他的生活永远是简单明澈的，他随时可以轻装上阵，好好过生活。

古代有一个读书人，不是达官贵人，也不是富甲一方的商人，他只是一个普普通通的教书匠。他一面教书，一面在田间耕作，过着清贫的生活，却也其乐融融。

一年下来，读书人教书赚的钱刚好够花，种田得的粮也正好够吃，几乎没有什么结余。可他依旧每天黄昏时都要到门口焚香，向天拜九拜，感谢上天赐给他一天的清福。他的妻子笑他说："我们一日三餐吃的都是青菜、白粥，一年四季穿的都是粗布短褂，你也没有求得什么功名，哪里谈得上清福啊？"

读书人一本正经地回答："你为什么不这么看呢？第一，我们生活在太平盛世，没有战争兵祸，一家人可以平平安安相守在一起，不用饱受战时颠沛流离之苦；第二，我们一年下来有吃有穿，不至于忍饥挨饿、冻死街头；第三，家里人都健健康康的，没有谁卧病在床，也没有人因为犯罪成了监狱里的囚犯。这样的日子，不是清福是什么？"

是啊，没有战乱、没有灾荒、没有病痛、没有生离死别的痛苦，人还要追求什么呢？人生能够这样，便是最大的福分。可惜，很多人都不会这么想，因为人的贪念太多了，正应了古人的一首《不知足》的诗："日夜奔波只为饥，方才一饱便思衣。衣食两般皆具有，又想娇容美貌妻。娶得美妻生下子，恨无田地少根基。买得田园多广阔，出入无船少马骑。槽头拴了骡和马，叹无官职被人欺。县丞主簿还嫌小，又要朝中挂紫衣……"

不知足的人，以为得到了自己想要的就会快乐，可他们永远不会快乐。因为当他们得到一件东西的时候，他们就不再珍惜，也不懂得感恩，而是又一头栽进了新的忙碌与追寻中。生活便也不会简单，更体会不到其中的幸福。而知足者，却不一样。他们珍惜自己拥有的一切，对已有的充满感激，对未来的也从不强求。于是，他们可以开怀常乐，可以做到见好就收。

有一个年轻的生意人，叫沈聪，大学时学的是对外贸易专业，毕业后却选择在一家袜厂当工人。别人取笑他："念个大学出来当工人，一个月才赚不足 1000 块钱，连个普通工人都不如，四年大学不是白念了吗？"

沈聪听了只笑笑说："没什么，够吃饭就可以。而且从底层干起能学到更多东西，有些地方当学徒工还得交学费呢。"

几年后，他离开袜厂，去了一家外贸小公司。那个外贸小公司刚刚起步，老板给他的报酬不到 2000 块钱。而这时，他身边的同学收入已经不止他的五倍了。他的朋友十分不解，问他："你明明可以去大公司应聘薪酬更高的工作，他们也需要很熟悉基层工作的外贸人才，你为什么不去呢？"结果他笑笑说："当凤尾不如当鸡头。虽然在小公司赚得少，但我可以得到更多锻炼的机会啊。"

原来，知足可以让人淡定，知足者在生活暂时不如意时不会急躁，不会乱了脚步。沈聪就是这样，一步步按照自己的设想往前走着。

因为他踏实能干，外贸公司的老板十分欣赏他，半年时间就把他升为经理，公司里的大事小事都交给他管理，还常常带着他去见重要的客户。老板把他看成了好朋友，还经常对他大谈特谈自己的生意经。他感激老板的栽培的同时也在老板身上学到了许多东西。虽然那两年钱赚得不多，可看着自己受到如此信任和重用，他感觉生活十分踏实，也十分开心。

两年后，沈聪自己开了一家外贸公司，与以前的老板成了同行。但只要业务上有交叉的，他一律相让，从来不抢前老板的生意，而是积极开拓新的客户资源。身边又有朋友说他傻：“丛林社会的最高宗旨就是弱肉强食，你不抢他的肉，他就总有一天吃了你。况且你在他公司时，为他创造了不少效益，他给你的薪酬却那么低，你已经够对得起他了。”

可是沈聪不认同这种观点，他说：“如果不是他给了我一个锻炼的平台，我哪有今天？人家帮我搭台，我却反过来去挖人的墙脚，这算什么呢？”对他的这种做法，他的前老板十分感激。他一边经营自己的企业，一边也经常暗里明里帮助沈聪。如此一来，沈聪的谦让不但没吃亏，反而还多了一个生意上的朋友和伙伴。

有了自己的公司后，沈聪还把“感恩”“知足”融入公司的运营理念中，他从不急功近利，也从不贪求过高、过远的目标，一切都顺其自然，量力而行。有一次，一个朋友给他介绍了一笔很大的生意。如果他能拿下这个外贸单子，他就可以一下子获得几千万元的收益，而当时他的公司，一年所有的外单收入加起来也不到 100 万元。

当时沈聪有些心动，如果接下了这个单子，他不但可以还清所有借贷，而且还可以大赚一笔。但是这个单子太大，他一时没有那么大场地，也没有那么多工人。他也许可以趁机扩张企业的规模，有了预付金，买地和机器的钱都不是问题。可往后怎么办？如果不能持续不断接到这样的大生意，高昂的场地租金、大量闲置的机器和工人，都将成为问题。而且，企业一下子扩张，还会面临管理和资金链上的种种问题。

他思前想后，举棋不定。一个辗转难眠的晚上，他起床来到窗前，打开窗，独自看着黑沉沉的夜。那时，夜已经很深了，苍茫的夜色吞没了一切。这时他暗自想着："这单生意，也像这苍茫的夜色一般，让人看不到远近深浅啊！"

他面对黑夜静静地坐了许久，然后起身打开灯，环顾自己的房间。房间里的一切都清晰地呈现在他的眼前。他突然悟到：人生，难道不正像这屋里的光明与窗外的黑夜吗？自己屋里的东西虽然不多，但它们是什么、有什么用、会怎么样，都是可以把握的，而且能看得清清楚楚，看着它们，心中的感觉总是那么安心、踏实；而屋外苍茫的夜色却完全不同了，在黑漆漆的夜色中摸索一个东西，很容易踏空。

第二天天亮以后，沈聪拒绝了这笔生意。给他介绍生意的朋友为他痛失良机扼腕叹息，然而沈聪却并不认为自己遭到了损失。几年后，他的公司稳中求进，规模逐渐扩大。这时，他已经有能力安安心心、不急不躁地把握一宗宗几千万元的大生意了。沈聪的成功，让那些曾经取笑过他的人惊讶不已。他们怎么也想不到，当初一个袜厂小工人，一个笨到宁可求低不肯就高的人，居然可以开起一家大公司。

如此看来，知足不但是一种心态，还是一种智慧。知足不是让人安于现状、碌碌无为；它是让人有为有不为，珍惜拥有的，正确拿捏生活的“足”与“不足”。

心灵悟语

那些拥有一颗知足心，能把生活过得不骄不躁的人，都是有大智慧的人。生活的从容是一种智慧，知足的人最会给自己的生活做减法，不做那些看起来很光鲜，背后却承担非常大压力的事情，收敛而不急躁，有所为而有所不为，就是懂得生活之道的人。

别陷入“一定要得到”的执念中，这最累心

在一段感情里面，“得”是让人最欢欣的一个字眼，可“得不到”恰好也是最无奈的三个字。面对一个自己心仪万分的人，付出了所有努力却得不到他（她）的垂青，真的没有比这更痛苦的事情了。就在人们感叹自己得不到的同时，一个和这个词接近却比它更残忍的词出现了，那就是“放不下”。所有的这些情绪自然都是和他（她）有关，得不到的是他（她），放不下的还是他（她），所有的这一切，皆是因为感情，抑或可以说是因为爱情。

无论是男人还是女人，面对得不到的人，都会有一种本能的认知，那就是得不到的永远是最好的。但男人和女人面对“得不到”这三个字时的表现却大相径庭。

男人面对得不到的女人——首先，我们要承认一个事实，男人是彻头彻尾的行动派，男人对于想要得到的人最先展开

的就是追求。他们把这种追求当成自己的理想，也规划成人生为之奋斗的目标，无论结局如何，都会积极去争取。而一旦真的不幸没有得到想要的结果，男人几乎不会反省自身，也不会怀疑自己是否有什么不足，他们永远记着被拒绝的那一句托词“我们不合适”。谁都知道这是一句百搭的话，可以适用于任何人，可偏偏男人会认真地以为，我们可能真的不合适，他们会很快地调整好情绪以及心态，勇敢地去追求下一个目标，去寻找新的幸福。自然，即将转身的男人会潇洒地祝福那个拒绝自己的女人，“天涯何处无芳草”是男人最为洒脱的自嘲。

女人面对得不到的男人——女人大多面对自己心仪的男人是羞涩的，欲说还休，而真的能逼得女人放下身段去拼命争取的，那说明这个男人已经让女人的心里充满了势在必得的决心。所以，女人才会不顾一切。在女人的心里，主动去追求一个男人是很没品的一件事，就算别人不提，她也会觉得自己矮了三分。

如果，再被这个男人拒绝了的话，对女人来讲，就不是得不到这么简单了，简直就是奇耻大辱。从此以后，这个男人成了女人眼里最伤自尊的“一件物什”，只要他出没在女人的眼前，女人就会觉得一口气堵在胸口，难以顺畅。而且，随之而来的，还有女人一轮轮的自我否定。在女人的眼里，被一个男人拒绝一定有两个原因：一是他嫌我不漂亮，二是他觉得我身材不够好。女人认为男人除了挑剔这两点，简直不会再分辨其他了。据不完全统计，失恋后跑去做整容手术的女人是美容市场的生力军。女人因为被一个男人否定，而开始全盘推翻从前的自己，努力让自己改头换面，重新做人。

如果说，男人的“得不到”是一次希望破灭的过程，那么女人的“得不到”就是一次浴火重生的涅槃。

如果说感情世界里的“得不到”是破坏性的，那么另一个词语“放不下”则是纠结型的。“明知相思无用处，无奈难解相思苦”是古人写的最让人黯然神伤的句子。放不下，说明心里仍然有对那个人的爱意，而既然谈到了放不下，那自然是有人想让我们放下。如果是一件东西，那自然是能拿得起，可归类到感情，男人和女人对待此种问题的做法，也自然是两种选择。

男人面对放不下的女人——男人宠女人那是一定的，男人有一个特质，就连和他没有一点关系的女人，他都肯呵护、照顾，这好像是男人的天性，现在把这种男人统称为绅士。男人对普通女人尚且如此，那对他真心喜爱的女人更是会由内而外、发自肺腑地怜惜疼爱。可如果真的是“郎有意，妾无情”，男人除了仰天长叹，多喝几顿醉到忘形的酒以外，基本也就算开解了自己一回。唯一放心不下的是对女人的牵挂，会在偶尔的时候打探一下女人的近况，只为了听听她现在好不好，仅此而已。

女人面对放不下的男人——女人是多情的，“多情总被无情恼”，一个“恼”字说尽了女人在感情被辜负后的状态。

从此后，没有领她这份情的男人就算不是她的敌人，也和她的半个仇家没有丝毫分别。在一个小区垃圾回收站旁，曾有一个女人一边哭一边在烧一张偌大的喷绘照片。一面墙那么大的照片，燃烧起来，火光熊熊。据说，这个女人追求一个男人，把人家的照片挂在了家里的墙上，没想到最后被男人拒绝，气得烧了男人的照片。还好，她只是烧了照片，如果拎着汽油去烧了那个真人，恐怕又一桩惨案会出现在报纸的头条。

女人面对放不下的男人，所使用的手段往往都是过激的，好像不破坏掉些什么，这个男人的阴影就会永远笼罩着她似的。更有甚者选择伤害自己：你不接受我的爱，那我就流血、受伤给你看。

所以，好多女人的手上、胳膊上会出现一道道的烟疤，还有的会在身上刺上令人心痛的符号，惨不忍睹。她做的这一切，无非是想提醒那个并不爱自己的男人，你不接受我，你就会受到良心谴责。可细细想来，如果一个男人本来就不爱你，那女人的这些举动，只会让男人徒增厌恶而已。

我们常常会说，假如人人都献出一点爱，世界将变成美好的人间。其实，倘若人人都能简单、纯真，那么这个世界也将会少许多不必要的纷争。拥有一颗豁达的心，不仅能够温暖别人，还能幸福自己。

心灵悟语

扪心自问一下，你的身上是不是背着很多早该放下却一直不舍得放弃的东西？你放不下的，是不是你得不到的？换句话说，你从未得到的，那何苦还要放不下？人生不必负重前行，该让自己的身心伸一个彻底的懒腰。因为得不到的是最累心的一个包袱，它看起来美的只不过是人给自己的某个欲望戴的帽子而已，让人有一个堂皇的理由来背着沉重的包袱前行，但其实自己并不轻松。

是后悔，总在拖你生活的后腿

在这个世界上，任何人不可避免地都做过错事。但是后悔并不能改变任何事实，后悔浪费精力、浪费生命，而且于事无补，它拖住你生活的后腿，让你的生活停滞不前，无限地沉浸在一种消极情绪中，直至生活中一片阴霾，负担沉重。

很多愚蠢的可以避免的错误，往往让人们懊悔不已，尤其在一些看似能够改变人生的重大问题上。当我们由于自己的判断失误而犯了重大的错误时，通常会后悔自己当时的行为和决定，而且往往这种后悔的情绪会维持相当长一段时间。在这段时间里，我们几乎无法正常工作和思考，犯错误的那一幕时时都会跳出来扰乱我们的情绪，让我们变得不开心。有的人甚至一辈子都在各种各样的懊悔中度过，亲手毁掉了自己本应幸福的一生。

《谁动了我的奶酪》一书曾经轰动世界，这本书讲的其实是一个非常简单的故事，它反映的问题却困扰了很多人。因为人们总是像故事中的那个小矮人一样留恋过去，不肯接受既定的事实，总是觉得事情会随着自己的意愿发展。

事实上，无论我们怎样为失去的奶酪哭泣，都不可能回到从前。一味沉浸在失去的痛苦中，不仅不会给我们带来收获，还可能加大损失。我们只有正确面对现实，才可能弥补之前的损失，否则只会在不甘心的同时被这种不甘弄得更惨。

有一位执业多年的精神病学家，他在精神病学领域享有很高的声誉。在他即将退休时对自己的职业进行了总结，他发现在帮助自己改变生活方面最有用的老师其实只是四个字而已，而其中头两个字就是“要是”。他说：“我有很多病人，他们都将时间花在缅怀过往上，后悔自己当初该做而没有做或者没有做好的事。他们最常说的是‘要是我在那次面试前好好准备……’或者‘要是我当初进的是会计班……’”

人的一生当中，最浪费时间的莫过于懊悔。在后悔的海洋里打滚是严重的精神消耗，后悔的破坏力可以将人积极上进的好心态彻底摧毁，把人变得萎靡不振。

所以，对于既往的过错我们应该采取的是选择性失忆，与其陷在后悔的深渊里不能自拔，不如打起精神对自己说：“下次我不会再犯同样的错误。”因为为打翻的牛奶哭泣是最没有用的，我们能做的是下一次不要再打翻。

有一个学生老是会为很多事情发愁，经常为自己犯过的错误懊恼不已。他总是想那些以前做过但没有做好或者搞砸了的事，希望自己当初没有这样做，或者懊恼没有做好。这使他整天愁眉苦脸，做什么事情都无精打采，然后继续犯不该犯的错误，接着继续懊悔……

他的老师发现了这个整天活在后悔中的学生，并且想要帮他从悔恨的旋涡中解脱出来。于是，在某天早上，老师将全班学生召集到了科学实验室。

在实验室，学生们看到老师的桌子上除了一瓶牛奶之外什么都没有，正在他们考虑老师今天会用这瓶牛奶做什么实验时，老师突然站起来，将那瓶牛奶打翻在水槽里。学生们被老师的这一举动吓到了，正当他们错愕之际，老师大声对他们说："不要为打翻的牛奶而哭泣。"

他把所有的人叫到水槽旁边，让他们好好看看那瓶已经被打翻的牛奶，并且对他们说："我希望你们可以一辈子记住这一课。你们看好了，这瓶牛奶已经全部流光了，无论你们怎么着急，怎么后悔，怎么抱怨，都不可能再救回一滴。我们现在所能做的是把它忘掉，忘记这件事情，专注下一件事。"

所以，为什么要为打翻的牛奶浪费你的眼泪呢？它像你任何做过的无法挽回的事情一样没有再改变的可能，你已经没有必要再浪费时间在它身上。虽然犯错和疏忽都是我们的不对，但是事情已经这样了，而且谁没有犯过错？你要做的是从中吸取教训，下次做好防范，不让错误再犯，这不仅会让你的生活轻松得多，且还会为你的成功增添动力。

心灵悟语

让自己身心放松地过生活，而不是总在同一个错误中循环往复，把自己逼在一个死胡同里面无法自拔，是人生的智慧。要知道，后悔不能换来任何东西，我们能做的是在错误发生后及时挽回损失，改变事情所产生的影响，但是我们不可能去改变当时已经发生的事情。唯一能使过去的错误产生价值的方法是——吸取教训，然后忘掉它。

撕掉那些无形中限制你的“旧标签”

自在自为，是人生最好的状态，不要试图用一个固定的词语、标签去定义自己或他人。你就是自由的、无限的，生活里也会处处有惊喜，有发现。你甚至会惊奇地发现，自己是一座永远挖不完的宝藏。

生活本来就很简单，如果因为别人的看法或自己的局限，而给自己贴上这样或那样的标签，人生就丧失了太多的可能性，被这些无谓的标签所束缚；人生同样会是一个沉重的、呆板的循规蹈矩，不但毫无乐趣，反而会无法承受。

所以，扪心自问一下，我们是不是会经常问自己：我究竟是怎样一个人？我究竟能取得怎样的成就？为什么我不能像别人那样优秀？也许很多时候，因为我们已经不自觉地把自己的独特性与别人进行比较，而且不自觉地为自己贴上了某些标签，让自己成了标签上的样子。

我们喜欢为自己的生活设定限制和关卡，我们认定这就是自己，而不愿意有所突破和改变，我们给自己贴上了满身的标签，让自己和周围的人认定那就是自己，于是自己也就真的成了那个样子，很难再有所改变。

如果我们想改变自己的人生，让自己的人生简单、轻松、快乐，那就必须从撕掉这些旧的标签开始。

安妮从小就是个胆小鬼，因为害怕自己会受伤，她不敢做任何运动。这样的她并不快乐，认定自己就是一个胆小鬼，这让她做什么事情都很气馁。

每个人都会在潜意识当中给自己贴上一个标签，安妮给自己的标签就是“胆小鬼”。她知道自己必须得改变，否则她的生活就会被毁掉了。于是，安妮去向心理医生求助。在医生的帮助下，她有了一些新的运动经验，如潜水、赤足过火道和高空跳伞，从而知道自己事实上也是可以做到一些看似很危险的事的。

即使如此，这些体验还不足以使她形成强有力的信念来改变她先前的自我认定，顶多让她认为自己是个“有勇气高空跳伞的胆小鬼”。她并没有意识到转变已经发生了。

她说其他的人都很羡慕她的表现，并告诉她：“我真希望也能有你那样的胆量，敢尝试这么多的冒险活动。”一开始，她对大家夸奖的话的确很高兴，听多了之后她便不得不质疑起来，是不是以前低估了自己。

“最后，我开始把痛苦跟胆小鬼的想法连在一块儿，因为我知道胆小鬼的概念使我设限，我决心不再把自己想成胆小鬼。”安妮说道。

当然，所有的事情并不只是说说而已，事实上，在她的内心有很强烈的争斗，一方是她那些朋友对她的看法，另一方是她对自己的认定，两方并不相符。

后来，在一次高空跳伞训练中，她决定把它当成是改变自我认定的机会，要从“我可能”变成“我能够”，而让“想冒险”的企图扩大为“敢于冒险”的信念。当飞机攀升到一万多米的高空时，安妮看了看那些没有跳伞经验的队友，多数人都极力压抑着内心的恐惧，故意装作兴致很高的样子。

安妮告诉自己：“他们现在的样子正是过去的我，而此刻我已不属于他们那一群，今天我可要好好地玩一下。”

她运用了他们的恐惧，来强化她希望变成的新角色。随之，她很惊讶地发现自己刚刚经历了重大的转变，她不再是个胆小鬼，而成为一个敢冒险、有能力、正要去享受人生的人。她是第一个跳出飞机的队员。下降时，她一路兴奋地高声狂呼，似乎这辈子从来没有今天这样的活力和兴奋。

安妮之所以能够跨出自我设限的一步，主要的原因就在于她为自己贴上了新的标签，拥有了新的自我认定，从而在心底想好好表现，让自己成为别人的好榜样。安妮的转变很完全，因为新的体验使她一步步淡化旧的自我认定，而新的自我认定又使她彻底地撕掉了“胆小鬼”的旧标签，成为一位真正敢于冒险的人。而生活也因为这样的改变而精彩纷呈，轻松愉悦。

心灵悟语

如果，你还躲在自我认定的旧标签之下，说着“我不行”“我办不到”“我害怕”“我放弃”……那么你就真的需要做一次全新的改变了，你需要给自己一个新的自我认定。你会发现，自我认定的转换很可能是你人生当中最有趣、最神奇和最自在的经验。当你换了一种自我认定，撕掉贴在身上的旧标签，换上一个新标签时，你很可能就此超越过去，成就新的自我，生活也会因此而美好。

斤斤计较，便是背在身上的斤斤重量

斤斤计较的人是可悲的，他时刻算计着自己的得失，一旦发现自己的付出与收获不等，就陷入抱怨、不忿、苦恼等情绪中纠结万分；他努力减少自己的付出与低于自己预期的收获对等起来，但事实却是他的收获也会随之减少。于是斤斤计较的人只得在这种不平衡中辗转、痛苦，直至吝啬付出，甚至毫不付出，从而一无所获。

生活中，有许多人常常是这样的："我把他当自己人，有了什么好事从来不忘他，可他呢？关键的时刻也不关照我一下""就知道享受，每次都是这样，来了就吃饭，吃完了碗也不知道帮着洗一下，拍拍屁股就走人，丢下一堆活儿让我干，我上辈子欠他的啊"……就这样在精细地计算自己所付出的与所获得的过程中，幸福和快乐越来越少，而气愤、抱怨越来越多。总是斤斤计较的人即使拥有着幸福，也感受不到幸福的存在。

许多朋友都非常羡慕星儿能够拥有那样的幸福生活，说她是个幸福的女人。星儿不仅有轻松、薪水又高的工作，而且老公事业有成、女儿活泼可爱。但星儿却说自己不幸福。关于这一点，从她和朋友的谈话中我们可以看出来。

星儿皱着眉头、哀怨地说："别人都觉得我是个幸福的女人，其实，我一点儿都不幸福。"

"什么？你还不幸福？"朋友惊讶极了。

"嗯，我并没有你们想的那么幸福。你们看我工作轻松、薪水高，但你们不知道升到这个职位我付出了多少努力。刚到公司的时候我兢兢业业地工作，为公司创造了不少利润，但是公司却只给了我这个职位，其实我应该得到更好的职位的。而且家庭生活也没有你们想的那么好，是，我是有好老公、好女儿，但是谁知道我为了这个家付出了多少，家里的什么活儿都是我一个人干，老公连碗都没有帮我洗过。他总说自己忙，连我的生日都只是送了礼物给我，都没说陪我一天，好多时候，他晚上什么时候回来的我都不知道。还有女儿，是活泼可爱，可是对她奶奶比对我这个妈亲，有什么好吃的总是先喂过她奶奶才想起我……"

朋友尝试着开导星儿说："星儿，照你这样算，我看这个世界上是没有幸福的人了。别那么斤斤计较，看开一点，你会看到你的幸福的。”

“我很斤斤计较吗？”星儿疑惑地问。

“你说呢？虽然你的工作没有达到你的预期，但至少的确是很好的一份工作，很多人可是怎么追求也得不到的；你老公全身心地扑在事业上不也是为了家吗？那么忙都不忘给你准备生日礼物，你还抱怨；你女儿先喂奶奶再喂你，这么懂得尊敬长辈的孩子多难得啊！这样想一想，你可不是非常幸福的吗？”朋友回答道。

生活中，像星儿这样的人并不少，明明是幸福的，却因为自己太过斤斤计较而感受不到幸福，自己让自己痛苦。而你是否也是这样呢？试着放开心胸，不要太过计较得失，看到自己已拥有的，珍惜自己所拥有的，你会更加幸福。

心灵悟语

做斤斤计较的人，只会让自己痛苦。或许你的初衷只是为了紧握住幸福，但幸福就像小狗尾巴上的蝴蝶，你想要牢牢抓住它，就只会吓跑它；相反，如果你能够释然，以豁达的心胸来面对人生，那幸福的蝴蝶就会始终在你周围萦绕。

当野心变成了贪心

拿破仑说过："不想当元帅的士兵，不是好士兵。"的确，没有"做元帅"的野心，"士兵"就容易甘于平凡、得过且过，丧失了前进、拼搏的动力。但是如果野心变成了贪心，同样也会让我们不快乐。做一个有野心但不贪心的人才能同时收获成功和快乐。

野心是人获取成功的根本动力。一个人的野心越大，获取成功的欲望就会愈强烈，就会愈加努力地为之拼搏、奋斗，自然也就更容易取得成功。事实上，那些卓有成就的人都是有野心的，正是野心推动着他们取得了成功。

在法国，有一个叫巴拉昂的人，靠推销装饰肖像起家，在不到 10 年的时间里，就让自己身家过亿，名列法国富豪榜的前 50 位。

不幸的是，这位年轻的富豪，患上了前列腺癌，1998 年在法国博比尼医院去世。他在遗嘱中对自己的财产做了如下安排：价值4.6亿法郎的股份捐献给博比尼医院，用于攻克前列腺癌的研究；100万法郎的现金奖励给能揭开贫穷和富有之谜的人。

巴拉昂去世之后，法国一家名叫《科西嘉人报》的报纸，刊登了巴拉昂的遗嘱。遗嘱中说："我曾经饱受贫穷之苦，所幸我并未在生命结束的时候才摆脱它。我已经是一个有钱人，虽然我即将走进天堂。在跨过天堂的门槛之前，我不想把我从穷人变成富人的秘诀带走。我将这个秘诀锁在法兰西中央银行的一个私人保险箱里，保险箱需要三把钥匙同时使用才能开启，它们分别在我的一个律师和两个代理人手里。如果谁能回答什么是穷人想致富最不能缺少的，也就是猜中了我的秘诀，他将得到我的祝贺。当然，那时的我已经不可能从天堂回来为他的睿智而欢呼鼓掌，但是保险箱里的100万法郎，是我为他准备的贺礼。"

此后，《科西嘉人报》收到了很多读者的来信，一时之间众说纷纭。有人在信中说这是《科西嘉人报》炒作以增大自己的发行量的手段；有人在信中大骂巴比昂被癌症折磨疯了，仗着自己有几个破钱没事耍着穷人玩；但也有很多热心的读者寄来答案。

报社共收到了48561个答案。其中，绝大多数人认为：

穷人之所以穷，那是因为穷人最缺钱，有钱了自然就不是穷人了。

而有的人又认为，穷人最缺的是发展和发财的机会，比如说，如果一个穷人在股票跌到最低点买进，然后在最高点的时候卖出，那穷人就变成富人了。

还有的人认为，穷人缺少的是技能，如果一个穷人拥有像比尔 · 盖茨那样的软件技能，自然就不会穷。

甚至有人认为，穷人之所以穷，那是因为他们缺少帮助，试想，如果世界上每个人都能拿出一块钱来帮助一个穷人，那么这个穷人自然就成为富翁了。

当然，还有其他各种各样的答案，像权力、背景、美貌等等。

终于，谜底在巴拉昂逝世一周年纪念日揭晓。当天，律师和代理人在公证部门的监视下打开了那只保险箱，揭晓了巴拉昂给出的答案——野心。他说，如果穷人不具有成为一个富人的野心，是不可能成为富人的，而自己正是凭着这种野心才改变了穷人的命运。

巴拉昂的谜底在法国，甚至英国、美国都引起了人们的广泛讨论。很多媒体也以此为话题采访了多位好莱坞的新贵和其他行业几位年轻的富翁，而这些富人毫不避讳地承认：野心是贫穷的特效药，是所有成功和奇迹的萌发点。

但值得我们注意的是，野心不等于贪欲。野心是一个人强烈地想要达到自己目标的心，这种欲望是可控制的，是合理的。但如果野心过大就会变成贪欲，贪欲是很难控制的，是会将人引向痛苦的深渊的。

听人说过这样一则故事：

一天，老虎和猎豹一同狩猎。眼看天就要黑了，猎豹对老虎说："我们的猎物已经不少了，该回去了。"

"还早着呢，再等会儿，我还想猎一只羚羊呢，你可真没出息，就这么点儿食物就满足了！"

正说着，突然身旁闪过一只羚羊。老虎撒腿猛追过去。由于当时天黑路滑，脚下一时没有踩稳，便滚下了山坡。猎豹见状也赶过去，等它赶到时只见老虎已经奄奄一息了。

它挣扎起来对猎豹说："麻烦转告给我儿子一句话：即使是拥有了整个世界，每天也只能睡一张床。"说完老虎便咽气了。

老虎被自己的贪欲害死了。其实，老虎已经有了充足的猎物，完全没有必要再多捕捉一只猎物。何况当时天黑路滑，并不适合再捕猎，这样的"野心"是不合理的、过度的。当然，故事很明显是世人杜撰，但道理是相通的。生活中，像老虎一样被自己的贪欲所害的人并不在少数。如你渴望事业有成，于是你努力付出，终于得到了上司的提拔成了他的助理。但是你仍不满足，想要取而代之，于是耍尽心机将他从领导的位置上拉了下来，取而代之。可是这也无法让你满足，于是你又想着把公司变成自己的……且不说你这样做势必会成为众矢之的，从而落得一败涂地，就是你的内心也很难获得真正的快乐和平静，就像作家华姿说的那样——“贪婪的灵魂难以得到片刻安息”。

心灵悟语

野心成就人，贪欲毁灭人。做个有野心的人，你的激情将被点燃，你将更容易获得成功。但做个贪婪的人，却最终只能走向灭亡、被他人所唾弃，而自己的灵魂也难得片刻安宁。

不要把别人的错误背在自己身上

常言道“金无足赤，人无完人”，每个人都可能会犯错误，因此每个人也都有得到别人原谅的权利。18世纪法国伟大的思想家、文学家卢梭也曾经在年少时将自己极不光彩的盗窃行为嫁祸到一个女仆身上，致使这位无辜的少女蒙冤受屈，并被人解雇。后来他因为这个“卑鄙龌龊”的行为自责不已，还在他的著作《忏悔录》中，对自己做了严肃而深刻的批判。但人生有时候不仅要自我批评，更要学会体谅别人。做一个肯原谅他人、善于容纳别人缺点的人，定会受到他人的爱戴与欢迎。

人的一生要经历各种各样的事情和接触到形形色色的人，任何事情只有在亲身体验后才会发现是非恩怨不过是过眼云烟。回过头来仔细一想，曾经的执着也许十分可笑，很多问题是不能够用简单的“对”和“错”去判断的。

世上没有任何一个人是十全十美的，虽然大家一直都在孜孜不倦地追求着完美，但是总会犯下或大或小的错误。有些人喜欢用挑剔的眼光去审视他人的不足，其实他并不知道，紧盯着他人的短处不放，实际上是把自己带进了一条死胡同。如果我们学会了原谅别人，那么境况就大不相同。原谅别人等于给自己和周围的人营造了一个更加广阔、更加和谐的空间，正所谓“进一步山穷水尽，退一步海阔天空”。

晨会上，部门经理对资料员贝蒂提出了严厉批评，原因是贝蒂所准备的会议资料竟然存有严重的漏洞，直接影响了会议效果。

贝蒂工作卖力，做事一向认真细致，如此大的工作失误不可能在自己身上发生。刚一散会，贝蒂克制住自己的委屈，抹了抹眼泪去查阅存在漏洞的会议资料。原来，整理资料的当天贝蒂被公司临时抽调至分公司工作，那些工作都是其他员工完成的。恰恰是别人整理的会议内容出现了严重失误，给公司造成了很大的损失。显然，这些责任并不能归罪到贝蒂头上，她在无形中替他人背了“黑锅”。

得知这个情况后，部门同事纷纷替贝蒂打抱不平，大家你一言我一语地出起了主意，一个人说：“贝蒂你太委屈了，换作我，一定要去董事长那儿参经理一本。”

另一个人应和：“是啊，是啊。要我说，你去董事长那儿告他一状，肯定能出气。”

听到同事的建议，贝蒂摇了摇头，说：“部门经理对我的批评是由于他没有了解到真正原因，我相信他不是故意的，以后我会找个恰当的机会将事情原原本本解释清楚。”

过了几天，贝蒂找到了部门经理，将整件事的来龙去脉一一道出，经理恍然大悟，赶忙向贝蒂道歉，贝蒂也欣然接受了。

同事们得知后，对贝蒂说：“你真傻，部门经理平日待人刻薄，这次他犯了错怎么能轻易饶过他呢，应该抓住机会好好整治他一下，灭灭他平日里的威风。”

贝蒂笑了笑，说：“退一步海阔天空，既然他已经道歉了，我就应该原谅。其实，大家能够在一起工作就是缘分，如果我不依不饶，自己的良心也过意不去。”

事后，这些话传到部门经理的耳朵里，经理打心底喜欢上这个宽容大度的员工，在日后的工作中，对贝蒂格外地照顾，不久就将其提拔至部门经理助理的职务。

为人处世中，人与人之间免不了会产生碰撞和摩擦，能够做到及时原谅别人、得理让人必定会受到他人的爱戴，从而为自己拓宽脚下的人际之路。《菜根谭》中说：“处世让一步为高，待人宽一分是福。”原谅别人是一种做人的美德，而不是心胸狭隘之人心中的“傻子做法”。不懂得原谅他人，睚眦必报之人永远不会拥有良好的人际关系。

有些时候，宽恕别人的过错，放人一马，会让事情圆满解决，对方也会心存感激。如果得理不饶人，抓住别人把柄穷追不舍，只会与他人结怨，给自己前进的道路亲手埋下一颗颗“定时炸弹”。总之，能够宽容别人，懂得原谅别人就是原谅自己，在某种程度上来讲是给自己留下一条后路，为日后前程铺下一条光明坦途。

心灵悟语

原谅他人是一种气度，一种胸怀，一种处世哲学，只有具备了善于原谅的品德和心态，才能够在生活打拼中渡过种种难关，让世界变得和谐美好。

不堪重负下的压力，透支了一部分人生

几乎所有的现代人都生活在压力当中，房子、车子、孩子，哪一项不是我们必须背负的？我们背负的东西越来越多，还必须让自己越跑越快，试想如此一来身体能够吃得消吗？

在成长过程中，我们几乎每天都在往自己的肩上增加砝码，希望自己可以承担起越来越多的责任，希望获得认可和成功，希望在自己的世界中游刃有余……我们花了很多的时间让父母、老师、朋友、老板满意，却渐渐忘了自我，逐渐和真实的自我脱节。我们用真实的自我去换取“安全”和“社会可接受”的典范。我们常常因为要去追逐那些用金钱换算成的成功，把自己压得喘不过气来。

人们会从各种渠道感受到压力。书刊、电视、电影和歌曲，全都教我们一些与成功相关的事。我们时刻都接受社会的要求，要达到少数人才能达到的高标准，然后还会说：

“我现在不够好。为了要成为大家可以接受的人，我必须要改变。”

其实我们都对成功存在一个误区，我们不了解自己对成功的真正看法。或许你会发现自己有些想法是错误的。在我们的意识里，经常会把成功和金钱、奖励以及成就画上等号。而要得到这些所谓的成功就要承受巨大的精神压力，可是最终我们会发现真正的成功人士只能是一小部分，为了成为众人眼中的那一小部分，而把自己搞得心力交瘁，最后让自己的身体不堪重负，变成一个身心都病的人。

南希是家中四个孩子里的大姐，她相当负责任，而且因为“很懂事”而得到许多赞美。南希很早就了解，愚蠢或幼稚并不为人所接受。在学校时，她每天都准时上学，而且会把所有的作业做完。当老师征求志愿者时，她总是第一个举手，而且从来都不缺席。

到了青少年时期，她觉得自己的责任为自己带来许多压力，这些压力渐渐使她无法承受。所以她的性格来了 180 度的大转变 ，变得相当不负责任。有一小段时间，南希不上学，不帮忙做家事，而且吃药，她染上了一种药瘾。她把所有不好的事都藏在心里，甚至对治疗师都守口如瓶。她的精神萎靡不振，身体更是彻底垮掉了。

多年来，南希一直认为负责任这个角色很重要，这种想法开始限制了她，让她成为一个负重前行的人。当别人要求南希为自己定义时，她说："我一定准时，而且我说到做到。"南希常常会承诺去做她没有兴趣的事，因为她想做个负责的人。

这种责任感主导了南希的人生，让她用理智生活，而不是用心生活，因此她最后也毫无悬念地失去了自己的生活。南希为了符合社会的价值观和追求所谓的成功，给了自己无法承受的压力。当这种压力让她再也负担不起时，她的人生就会奔向相反的方向，让她成为一个叛逆和颓废的人。在叛逆和颓废的背后，过重的责任压力推托不掉，她不得不借用药物来麻痹自己，变成一个典型的身心病态者。

生活中，像南希这样生活的人其实很多，只不过这些负重前行的人还挣扎在崩溃的边缘。各种无形的压力主导着我们的生活，长此以往，我们不是像南希那样精神崩溃，就是让自己的身体迅速垮掉。

当然，压力本身都是无法避免的。当压力袭来时，不要有太多抱怨，压力就像你的那颗智齿，虽然不招人喜欢，却是身体的一部分。要想放下压力，最重要的是要调节好自己的心态，如果你能做到劳逸结合，心情也会随之好起来，变得安详而又充满活力。

《吕氏春秋》中说："尺之木必有节目，寸之玉必有瑕璃。”这句话的意思是说，一尺高的树一定有树节，一寸长的玉一定有瑕疵。万事万物都或多或少有一些缺点，这个世界上没有绝对的完美。如果我们过于执着于完美，心中必然会承受巨大压力，而就会忽略生活中美好的一面，看到的都是烦恼。我们能做的就是接纳世界的不完美，然后尽自己最大的努力让这个世界更完美一些，却不能强求。

心灵悟语

我们必须了解，只有当我们允许自己减轻期望时，才能开始享受人生。当然，这不代表我们可以对自己和别人不负责任。一个人的责任感是衡量其品质的重要标准，没有责任心的人自然得不到社会的认同。但是，我们也要知道，我们不能让责任成为压力，每个人肩上所担负的责任都很多，如果将它们统统视为压力，一个人是无论如何都走不远的！

给健康做加法，就是给生活做减法

拥有的并不是越多越好，生活也并不是越复杂越好，因为我们身体的承重性和耐受力是有限的，拥有越多不仅不会越快乐，而且还会让生活更沉重，给我们的身心健康带来隐忧。

人生活在世上，要负的责任随着岁月的增加而不断增多，对生活的要求和欲望也在与日俱增。有了车子想要房子，有了两居室想要大别墅，刚摆脱了青菜、萝卜就向鲍鱼、海参进军。我们以为自己的生活越精致、越昂贵，人生的质量才会越高，我们才会越快乐。其实不然，我们日渐奢靡的生活和与日俱增的欲望，增加了身体和精神的负荷，获得的越多就会越沉重。

从前，有一个人感觉生活很沉重，于是便去找一个哲人，希望寻求解脱之道。

哲人没跟他讲什么人生哲理，而是给了他一个篓子让他背在自己肩上，然后指着一条沙石路对这个人说：“从现在开始，你每走一步就捡一块石头放进篓子里去，走完这条路看看自己会有什么感觉。”

于是，这个人开始按照哲人所说的方法去做，每走一步就捡起一块石头放进背篓里面。当他将整条路走完时，没有任何负重的哲人已经早就在路的尽头等他了。

这时，哲人问他这条路从头走到尾有什么感觉。这个人说：“我感觉越走越沉重。”

“这就是你为什么觉得生活越来越沉重的原因所在。”哲人说：“这条路就像是我们的人生。每个人来到这个世界上时，上帝都给了他一个空篓子。在人生的路上，我们每往前走一步，都会贪婪地从这个世界上捡一样东西放进去，贪心的人篓子里的东西当然越放越多，所以才会有越走越累的感觉。”

在人生的旅途上，很多时候，我们认为只要得到自己想要的东西就能拥有快乐。然而，事情的结果却常常事与愿违，我们得到的东西越来越多，快乐反而离我们越来越远；我们的生活越来越精致，身体却越来越差劲。吃惯了鲍鱼、海参的我们不但没有健康起来，反而大病小病不断。这究竟是为什么呢？因为我们的身心已经不堪重负，我们所拥有的很多东西并不是我们必需的，有时候扔掉它反而让我们的身心更轻松。

从前，有个富翁，他锦衣玉食、家财万贯，可是过得却并不开心，因为他的身体非常差，经常生病。

因为身体不好，富翁总是燕窝、人参不断，就是为了补回身体的元气，吃的东西也非常讲究，每天早中晚的食物从来都不重样，而且样样都是让自家请来的厨子精工细做而成。为了出门方便，富翁准备了八辆精致的马车和专门的车夫。总之，为了让身体好起来，富翁非常“善待”自己，尽其所能给自己最好的待遇。

可是，尽管如此，富翁的身体并没有任何起色，而是每况愈下。富翁访遍了远近的名医均不见任何效果。

一天，一位精通医术的游僧路过此地，治好了当地不少百姓。富翁听说之后，亲自登门拜访。富翁向游僧说明来意后，游僧看着富翁豪华精致的马车说：“以后马车就不要坐了，出入自己走路就好。一日三餐改为大米、白面、萝卜、白菜，不出百日你的身体就能痊愈。”

富翁虽然将信将疑，但是看游僧如此坚定，于是决定试一试。结果一个月之后，富翁就明显感到自己通体舒畅，三个月之后已经健步如飞了。

很多时候，我们生活得不快乐、不健康，并不是我们拥有得太少，而是追求得太多。生活到了一定的程度之后是应该做减法的。生活得越简单，我们的身心才会越轻松，自然也就越健康。我们完全没有必要执着于那些看起来很美，却对我们生活毫无意义的东西。就好像我们的饭量是三个面包，那么我们为第四个面包所做的一切努力都是愚蠢的，那第四个面包除了会撑坏我们的胃之外，没有任何的益处。

总是觉得很多时间被浪费了，于是马不停蹄，结果马累死了！大部分的现代人所扮演的正是那匹马的角色，嘴里喊得最多的一句话是："我很忙！"为了生活忙，为了事业忙，为了家庭忙——我们的确很忙，因为自己还不具备闲的资本，如果停下来明天就可能没有饭吃。当然也不可能真的会饿着，只不过如果大家都在马不停蹄向前赶而自己停下了，那势必会被远远甩在身后，想要再追上就没有那么容易了，逆水行舟的道理已经占据了很大一部分现代人的意识。但是再忙也不能忘了让自己休息，否则就会成为那匹刹不住车的马，迟早有累死的可能。

这并不是危言耸听，我们听到的因为身体过劳猝死的案例还少吗？《圣经》上说："人若赚得全世界，却赔上自己的生命，又有什么益处呢？"不管你有多么成功，有多少财富，如果以牺牲健康为代价都是不值得的。

心灵悟语

追求高品质的生活并不是要追求高难度的生活，我们的身体需要什么只有健康最知道，不是所有看上去很好的东西都适合我们的身体。有时候越简单的才是身体越喜欢的，所以学会为我们的生活做减法吧，因为健康的加法需要它。

第二章 失去的就放下吧

放下之后，往往不“争”而得

如果在人生路上，把所有必需品都塞进背包，就会在不知不觉中，同时装进很多“垃圾”。有时候，当你放下一些心心念念的东西时，世界都会宽阔起来，展现在眼前的将是一个更加明亮的世界。

人与人之间很多矛盾皆因为对事物的认识不同，缘于对一部分执念的坚持和用力。而这一切都是因为很多人都认为自己一旦放手，往后退了一步，就是吃了亏。没有人愿意吃亏。于是，人与人之间变得争夺不休，明着争，暗着争，大事争，小事争，名要争，爱要争，利也要争。争得天昏地暗，大动干戈，结果还是谁也不服谁，谁也不放手。

其实，“争”不见得就是进取，就是明智，争的东西也一定能够得到。很多时候，人们往往争得越厉害，僵持得越久，不但无法得到所争的东西，反而还会失去原有的东西。古代早有“鹬蚌相争，渔翁得利”的寓言故事，鹬和蚌争来争去，结果连命都丢了。这样的相争有什么意义呢？

只可惜，人们一旦争起来，都忘记了这个道理。直到双方都争得头破血流，你死我亡，才肯罢休。

曾有两个青年，同时喜欢上了一个女孩，于是他们之间暗暗开始了竞争。争到最后，两个人还是分不出胜负。其中一个青年比较鲁莽，他争得不耐烦了，就把情敌约到了一个僻静的场所，伙同帮凶一起谋害了他。结果，情敌受了重伤，他自己也锒铛入狱了。争来争去，到头来什么都没争到，只争了个你死我亡。

有人为爱争，也有人为财争。福建有个茶商，家里有两个儿子，他带着儿子做茶叶生意。由于合作默契，这家的生意做得红红火火。当地人纷纷羡慕地说：“瞧这家人，老子站中间，儿子站两边，稳稳当当一座山啊！谁的生意做得过他们？”

可茶商去世后，两个儿子在遗产分割上产生了纠纷，闹得不可开交。哥哥认为父亲去世前，自己对家庭和生意的贡献都要比弟弟多，他理应获得更多的财产；弟弟却认为，既然是兄弟，两个人就应该平分。后来，兄弟俩还为分财产的事情闹上了法庭。先不说打官司费力又费钱，此后，兄弟俩在当地的名声也臭了。兄弟俩的生意越做越差，谁也没有从这场官司里捞到好处。

与其这样争，还不如放下。君子之心，可大可小；丈夫之志，能屈能伸。忍一时风平浪静，退一步海阔天空。退让，不是消极，不是不求上进，更不是懦弱。相反，它是一种智慧，是一种内敛的态度，一种豁达的品性。

清朝顺治、康熙年间，山东聊城有一个叫傅以渐的人在京城做官。有一天，他接到了一封家书，信上说，家里人因为盖房的事情跟邻居发生了争吵，两家相持不下，谁也不让谁，希望他能出面解决这件事情。傅以渐看完家书后，立刻写了一封回信。信上写道："千里来书只为墙，让他三尺又何妨；万里长城今犹在，不见当年秦始皇。"

家里人看了傅以渐的信，觉得这样做有道理，于是修房子的时候主动让出了几尺。没想到这么一来，邻居家也不再争了，他们修房子的时候，也效仿傅家的做法，主动让出了几尺。这么一来一去，等房子修好后，两家的房屋间竟留出了一条六尺宽的胡同，被后人称为"仁义胡同"。

谁说放下就是吃亏，退让就是失败呢？你争我争，只能争个两败俱伤；你让我让，却让出了方便，让出了邻里和睦，让出了"仁义"之名。

安德鲁·卡内基是一个响当当的名字，他曾与"汽车大王"路易斯·福特、"石油大王"洛克菲勒这两个大财阀的名字并列在一起，是当时世界上最富有的人之一。从一个不名一文的苏格兰平民，变为世界性的“钢铁大王”，卡内基靠的不是“争”，而是“让”与“放下”。

懂得“让”，卡内基才会用汤姆生的名字来为自己的炼钢厂命名。汤姆生是当时宾夕法尼亚铁路公司的董事长，卡内基的做法让他十分高兴。于是，他宣布修筑宾夕法尼亚铁路所需的铁轨一律从卡内基处购买。卡内基的“让名”，为他争得了一宗很大的铁轨生意，他的事业从此兴旺起来。

懂得“让”，卡内基才不会像别的企业家一样，靠一味压榨员工的油水来谋求财富。他曾说过这样一句话：“带走我的员工，给我留下一座工厂，不久之后工厂就会长满荒芜的杂草；拿走我的工厂，把我的员工都留了下来，我们很快又可以建起一座新的工厂。”卡内基对员工“让利”，才笼络了人心，最终建起了一个庞大的钢铁帝国。

放下眼前的名利，追求长远的名利是一种“让”的智慧；放下身份，用更低的姿态去面对这个世界，也是一种“让”的智慧。

中国曾有一位跳高运动员在一次重大比赛中，面对冲击金牌的最后一跳，有一些紧张。教练见状，激励她说：“拿到这块金牌，你的房子就到手了。”结果，最后一跳，她发挥失常。比赛结果公布了，她败得一塌糊涂，不仅没有拿到金牌，而且其他奖牌也没有拿到。

无独有偶，1984 年洛杉矶奥运会上，洛加尼斯在面对冲击金牌的最后一跳时，同样很紧张。这时，教练对他说：“你的妈妈做了一桌子好吃的在等着你呢，跳完这一轮，你就可以回家和妈妈一起享用美餐了。”那次奥运会上，洛加尼斯获得了世界冠军。

同样的处境，前者之所以失败，很大一部分原因是她背负的压力太重；后者之所以成功，是因为他在比赛前抛掉了身上的包袱。

心灵悟语

原来，有一种态度叫宽容，有一种宽容叫放下。放下了，退让了，才能舍小谋大，以退为进。人活一世，如果做不到完全与世无争，至少也可以学着放下一些东西，看淡一些东西。放下不是放弃，看淡也不是漠视。只因生活原本就是如此：懂得放下，才能拥有；懂得看淡，才会收获意想不到的惊喜。

像张爱玲一样面对失去的爱情

这世间，没有什么不可原谅的事，也没有不可原谅的人。如果实在觉得不可原谅，也不要苦苦执着于过往的痛苦。毕竟，过去的事情无法追回，既成的事实也无法改变。面对那些无可挽回的事，不如挥挥手，潇洒地说一声“再见”。

张爱玲一生著作等身，却情路坎坷。她一生只爱过一个人，这个人就是胡兰成。张爱玲倾尽全部精力去爱胡兰成，胡兰成也曾深爱过张爱玲，为了娶张爱玲才跟前妻离了婚。1944 年，胡兰成被调到湖北编《大楚报》。刚到武汉时，有一天他遭遇了空袭，差点在炮火中身亡。当时，陷入无比恐惧和绝望中的胡兰成，唯一能喊出的只有两个字：“爱玲”。可见，他还是深爱过张爱玲的。

可胡兰成却是一个滥情的人，他的爱犹如暴风骤雨，来势凶猛，去得更快。他在武汉没待多久，就跟一个姓周的 17

岁小护士如胶似漆地缠在了一起。相处一段时间后，胡兰成完全忘了张爱玲的存在，以一张纸作为结婚凭证，在武汉背着张爱玲又结了一次婚。可怜张爱玲却全不知情，那时还在傻傻地给他写信，倾诉生活中的点滴小事。

1945 年，胡兰成回到了张爱玲身边，共住了一个多月后，他才提起了小周的事。张爱玲这才知道胡兰成辜负了自己的一片痴心。爱情不同于其他，本就不是可以分享的东西。受了背叛的张爱玲十分伤心，可她太爱胡兰成，她把自己的心，自己的一切都给了他。这种爱，一定程度上化解了她的痛苦。因为爱，所以原谅，所以能不计前嫌，继续跟胡兰成生活在一起。

抗战胜利后，替伪政府做事的胡兰成逃到江南避难，此间又勾搭上了寡妇范秀美。张爱玲得知此事后，竟一路寻着去了温州。为避开闲人耳目，这三个人是在一个旅店里见面的。当张爱玲再次见到分离了半年之久的胡兰成时，明显感觉到他和范秀美之间的亲密已然超过了自己。张爱玲百般惆怅，内心千回百转，只是不忍就此离去。

坐了一会儿，张爱玲欲替范秀美画像。这原来是她很拿手的本事，如今却画着画着，心中一阵凄苦，停下了笔。她无法再画下去了，因为那画中人的眉目深情，她的嘴竟跟胡兰成越来越像。她心中深爱一个人，却在别的女人身上找见了他的影子，岂不可悲？

张爱玲知道，她一生最美的爱情已经走到了尽头。

那日，天下着雨，张爱玲和胡兰成在伞下道别。她没说怨恨的话，只是叹口气，说道："我倘使不得不离开你，亦不致寻短见，亦不能够再爱别人，我将只是萎谢了。"说完，只身离开了温州。

分手后，因怕胡兰成在流亡中受苦，张爱玲又给胡兰成寄过几回自己的稿费。待胡兰成生活安定后，张爱玲才给他写了一封心平气和的诀别书，表明自己已不再爱他，同时还附了自己的 30 万元稿费。

这封诀别书宣告了张爱玲和胡兰成的爱情彻底谢幕。

爱情结束时，无爱亦无恨，有的只是华丽落尽后的无奈与忧伤，与惆怅消去后的安宁与平静。受了伤却能无怨无恨，心中没有爱是做不到的。这种爱，便是宽容。能这样爱，便是境界。

只有懂得宽容的人，才会让自己快乐，让别人也快乐。

有一个叫阿克的朋友，没心没肺。有一次，他经朋友介绍认识了一个女孩。这个女孩清秀可人，又聪明温柔。阿克跟她交往没几天，就迷上了她，对女孩展开了热烈的追求。女孩半推半就，有些矜持，却也频频赴约。阿克送给她的礼物，无论贵贱，她从来都是来者不拒，一一收下。

阿克以为很有希望，更是爱得忘了情，掏心掏肺地爱了起来。那一阵子，女孩成了他生活的重心：他为她猛练厨艺，为她学吉他，为接送她咬咬牙专门买了一辆车，每逢节日更是忙得不可开交，恨不得使出浑身解数讨她欢心。

女孩对阿克的态度是：不温不火地应对，但自己从不主动。在这场恋爱中，阿克就像一把热情燃烧的烈火；女孩却像一潭波澜不惊的雪水，冷眼看着那熊熊燃烧的火光，自己却始终冷冰冰的，不为所动。

一晃半年过去了。几个有恋爱经验的朋友觉得女孩的态度太淡漠，不像是全身心投入恋爱的姿态，于是好心劝阿克："别投入太深了。万一她是一座悬崖，你这样无所顾忌往前冲，必死无疑。"

阿克却不以为然。也许，热恋中的人，不管男人还是女人，都会如此吧。只可惜，他的爱情烈焰并没有感化女孩。相处了几个月，女孩还是提出了分手。

阿克问她为什么，她只说："不为什么，不合适吧。"

阿克没再问，也没哭，只是愣了一下，然后淡然一笑（也可能是强笑，或傻笑，或苦笑），说了声"再见"，转身就走。一直走出很远，他才回头看了看，发现女孩还愣在原地，一直目送他很远才离去。

难道正是他的淡然一笑，他的果断离去，换得了她最后一丝留恋吗？他不知道。

那天，他心情沉重地把分手的消息告诉朋友时，大家都感慨不已，纷纷安慰他，让他别太难过，别想不开。阿克一直沉默地听着，听了一会儿，突然站起来挥了一下手，说：“嗨，你们也别分析这原因那原因了，她不同意在一起，就说明不合适呗。这会儿分手，总比将来离婚强！”

事后，朋友们聚在一起八卦，偶然提起那个女孩时也会说两句她的坏话。

“我看她一开始就没有诚心。”

“既然不恋爱了，也该把你送给她的东西还回来啊！”

“喜欢就喜欢，不喜欢就直说，我最讨厌暧昧不清的人。”

听到这些话，阿克这个“受害人”倒像是她的护花使者，反而站出来替她说好话：“喜欢她是我的自由，她要走是她的自由。不能在一起说明没缘分，没有谁对谁错啊！”

“送她东西都是我自愿的。要是送东西老想着回报，不成了虚情假意和贿赂了吗？”

“恋爱就像吃苹果，我也不见得是个烂苹果。可她喜欢吃面的，我偏偏是脆的，这也没办法。”

阿克对待恋爱是如此超然，让朋友们大为叹服。

是啊，有些事情不管谁对谁错，既然无法改变，就坦然接受吧。像阿克，淡然一笑，说一声“再见”，过去的好与坏、爱与怨，通通随同这一声“再见”烟消云散。

心灵悟语

不只爱情，生活中有许多事情，都需要我们用宽容的态度去对待。宽容是一种生活的智慧，是一种豁达的境界。有一句俗语叫“没心没肺，活着不累”，这倒不是说做人做事不要讲良心，而是做人做事都要放宽心，不要太斤斤计较。不开心的事情，伤害过你的人，挥一挥手，就过去了。说一声“再见”，冲着蓝天笑一笑，你会发现，原来，释怀的感觉是如此美好，如此轻松。

用随缘之心，去过轻生活

人和人的关系，都逃不过一个“缘”字。分聚离合，缘聚缘散，冥冥中都有一种定数，不是你我可以左右的。我们能做的，不过是随缘罢了。何谓随缘？就是“拿得起，放得下”。这简简单单的六个字，真正要做到又谈何容易？

张岚和林枫已经恋爱五年了，他们在别人眼中是一对“模范恋人”。所谓“模范”，在于他们惺惺相惜，爱彼此爱得很细致、很深，爱彼此可以爱到忘了自己。每次吃饭时，张岚只点林枫平常最爱吃的；每次购物，林枫从来只想着张岚需要什么，好像忘记了自己的所在。张岚每天上班，林枫都要一直把她送到单位，然后自己再去上班；林枫每天洗脚，张岚都会为他放好一盆热腾腾的洗脚水，端到他的脚下。

别家都是妻子洗衣做饭、忙里忙外，张岚和林枫却完全不一样，干每一样家务，两人都要抢，做饭要抢，刷碗要抢，洗衣服要抢，倒垃圾也要抢。邻居们几乎听不到张岚和林枫争吵的声音。的确，这么相爱的一对，有什么吵架的理由呢?

令人难以置信的是，就在他们恋爱了七年，正打算结婚的时候，这一对“模范恋人”却分手了。难道这么相爱的一对也逃不过七年之痒，开始厌倦彼此了吗?

相爱这么多年，分开了是有些可惜。不过，如果彼此都厌倦了，都想分开，也就没什么遗憾了。难就难在明明变了心，却还要执着，不想承认已经不爱的事实，不愿从爱情美梦中走出来。

当林枫发现自己爱上了阿兰时，也不愿意承认。可爱情已经发生，并且深深地扎根在他的心里，越挣扎，它扎得越深。

阿兰是林枫工作上的搭档，因为林枫习惯把张岚叫“阿岚”，所以每次叫阿兰这个名字时，内心有着一种格外的亲切感。阿兰漂亮、善良，对工作兢兢业业、一丝不苟。

为了完成项目，阿兰常常主动留下来加班到深夜。林枫觉得既然是工作搭档，让女孩子家一个人加班，自己溜回家去陪女友不妥，于是也总是留下来陪她一起加班。

阿兰有一个习惯，对着电脑看数据时喜欢冲一杯热牛奶捧在手中。在那无数个加班的夜晚，当整个办公楼只剩下她和林枫两个人的时候，她也会为他冲上一杯热牛奶。

时间可以在不知不觉中带走一些东西，也可以生出一些新的东西。很多时候，不知不觉发生的改变，往往比有意蓄谋的更可怕。

林枫和阿兰经常在一起加夜班，两个人越来越熟悉。林枫发现阿兰身上有许多打动人的品质，如她的热情、细致与对工作的忘我与执着。这些品质，很多都是他没有的，他不知不觉被眼前这个女孩吸引了。而每天一杯热牛奶，则在空气中荡开一圈又一圈温馨的涟漪，将两个人笼罩其中。这种氛围让林枫感到很愉悦、很放松，加班竟然变成了一件颇为享受的事情。

林枫对阿兰渐渐产生了好感，觉得她越来越亲切。然而，这种淡淡的亲切感却是最致命的。越是来得快的感情，去得也快；而这种慢慢吞吞的感情，却会一点一点吞噬一个人的心，当它被发现的那天，一颗心也被吞没殆尽了。

林枫就像一只温水中的青蛙，一开始对自己的感情变化浑然不觉。直到有一阵，他发现自己在家叫“阿岚”时，脑海中越来越频繁地浮现出阿兰的模样，自己低头看书时，手里也总要捧一杯热热的牛奶，他惊慌了——往日心头那种淡淡的亲切的情愫突然在内心剧烈燃烧，他对阿兰的感情原来不是亲切，不是好感，而是爱。

他之所以经常想到她，正是他在思念她；他之所以不知不觉养成了喝热牛奶的习惯，是他对她上瘾了。

这样的发现让林枫自己也吓了一跳。他竭力想驱走脑海中阿兰的影子，看书时也刻意不去冲热牛奶。但一切努力皆为徒劳，结果越挣扎陷得越深。阿兰就像一股气味独特的迷香，弥漫在空气里，缠绕着他，让他难以摆脱。

此后一段时间，林枫曾狠下心不再陪阿兰加班。他知道，他已经无法平静地面对阿兰了，同时，他也无法平静地面对张岚，平静地面对自己。

如果得知阿兰要加班，他却一个人躲在家里时，他心中的感觉不是自责，而是想念、担心和心疼。可是，当他陪着阿兰在办公室一直加班到深夜时，他却极少想起此刻张岚会在做什么。

张岚对林枫还是像以前一样好。她越是对他好，他越是痛苦、自责。林枫觉得自己在感情上背叛了张岚，为了补偿她，他尽力想要对她更好些，说一些夸赞她的话，做一些讨好她的事，却都无济于事。恋人之间的甜言蜜语，开始变得言不由衷。他讨好她也不是真心实意为了让她开心，只是想为自己开脱，减轻自己的内疚罢了。

然而，张岚正在他心中一点一点远去，过去的热情和爱恋，越来越淡，一去不回。当林枫跟张岚在一起时，他开始说话不自然，行动也变得别别扭扭。原本的自然和谐已被打破，还有什么办法可以弥补呢？

林枫整日被痛苦、内疚折磨着，无法静下心来工作，也无法静下心来生活。有一天，他发现邮箱里有一封阿兰发来的邮件。打开一看，不是工作上的事，而是写了这么一句话："如果恋爱就像放风筝，风筝的线断了，你还要去追吗？"

林枫有些疑惑，决定找阿兰好好谈谈。

下班后，等其他人一个个都走了，偌大一个办公室又只留下他和她两个人时，她照例冲了一杯热热的牛奶，递给了他。

他接过热牛奶喝了一口，再看时，却发现手中捧着的是她的杯子。他吃惊地望着她。"别吃惊，你已经用了它很久了，只是你没有发现而已。"

她转过身对着窗，看着外面的黑夜和灯火，告诉他这段时间以来她的心情。原来，在那无数个寂静的两个人的夜晚，无数个埋头苦干的夜晚，她在与他相伴的日子里，渐渐地喜欢上了他，被他疼惜女孩子的那颗温柔心打动了。而且，她也隐约看出了他的心思。

只是，她知道他有女朋友，他还在犹豫不定，所以她选择了沉默。可如今，爱的天平明显倾向了她这一边，她终于无法再忍，勇敢地表达了她的爱意。

听完她的话，他紧紧地抱住了她，却面对着那遥远而深沉的夜景滴下了眼泪。窗外那忽明忽暗的灯火，有一盏正在照着张岚，她正在他们共同的家里等他回去。

那天分手时，阿兰对林枫说："如果你还爱她，只要还有一点爱她，就回到她身边吧，就当我不存在。我不愿意你因为错爱了我而后悔。"

可爱有对错吗？爱本来就是来无影、去无踪的东西。当一个人想起另一个人，心中只剩下可怜和愧疚时，爱情早已远去不在。

几个月过去了，婚期渐近。林枫本想忘记阿兰，重新爱上张岚，但他怎么努力都做不到。他又想起了阿兰的话："如果恋爱就像放风筝，风筝的线断了，你还要去追吗？"

也许，在这个时候告诉张岚他爱上了别人是残酷的；可是瞒着她，一边爱着别人，一边拿同情和愧疚作为礼物跟她结婚，对她来说更残酷。

林枫不想当爱情的骗子。他可以继续对她好，可以跟她结婚，但他不能欺骗她。因为他欺骗不了自己，他已经不再爱她了。

一天，林枫鼓起勇气，向张岚坦白了一切。张岚先是一愣，随后是抱头痛哭，然后默默无言地朝卧室走去。林枫一个人留在了沙发上，度过了漫漫长夜。

第二天，张岚红肿着眼睛，对林枫说："我想通了，既然你喜欢她，你就走吧，我不怨你。"

林枫没有走，他说：“风筝的线是断了，可是，它还在天上飞呢。等它看不见了，我再走。”

张岚和林枫还是住在一套房子里，还是同桌吃饭，还是抢着干家务，偶尔也还说话。只是一个住客厅，一个住卧室。

又是几个月过去了，到了两人相约登记结婚的日子。

那天一大早，林枫问张岚：“我们，还去领证吗？”

张岚说：“不去了。”

林枫说：“如果你真想跟我结婚，我们就去吧。我不愿意让你那么伤心。”

张岚掉下了眼泪。她从房间里搬出了昨晚连夜收拾好的行李。

“谢谢你的关心，不用了。”说完，她拉着箱子，走出了跟林枫一起住了七年的房子。

心灵悟语

爱的来去和人的生死一样，没有人可以阻止它的发生。当它来临的时候，就好好地抓住它，呵护它；当它要走的时候，就让它走吧，勉强挽留也没有多大意思。一切都随缘，懂得“拿得起，放得下”，面对爱情，我们就可以坦然。

放下，才能接纳

英国诗人威廉·布莱克说：“有时候，遗忘是一种最大的幸福。”虽然，对于过去我们不一定非要遗忘，但是绝不能让它成为我们的负担。过去的事情已经过去，无论它是辉煌还是遗憾，我们都没有办法改变，生活还在继续，如果一直纠缠过去，又如何再有精力和心思去迎接更加辉煌的未来呢？

在寻找幸福的道路上，应该多一些禅悟，在禅悟之后你就会懂得：当你学会放下的时候，就会因为减负而获得轻松；当你懂得满足的时候，就不会因为得不到而苦恼；当你知道大度的时候，就会因为宽容而宽心……其实，获取人生的幸福并不复杂，只要你懂得仔细去体味生活，你就会发现获取幸福的方法。

1784 年的冬天，离职以后的华盛顿回到家中。那是个寒冷的冬天，冰雪包围了他居住的山庄，这位伟大的总统在离职之后又被迫过上了与世隔绝的生活。往日的辉煌不复存在，门庭冷落与昔日的熙来攘往相比，显得过于寂静，甚至落寞。但是华盛顿并没有像其他人那样自怨自艾，沉迷于往日的辉煌与今日的落寞当中无法自拔，而是以一种轻松的心态来享受这段难得的清静生活。在 2 月 1 日那天，华盛顿把自己离职以后的感受以轻快的笔调告诉自己的朋友拉法叶特侯爵：

“亲爱的侯爵，我终于成了波托马克河畔的一位普通百姓了。在我自己的葡萄架和果树下纳凉，听不到军营的喧嚷，也见不到公务的繁忙。我此刻正享受着宁静而快乐的生活。而这种快乐是那些孜孜不倦地追逐功名的军人们，那些朝思暮想着图谋策划、不惜灭他国以谋私利的政客们，那些时时刻刻察言观色以博君王一笑的谈臣们所无法理解的。我不仅仅辞去了所有的公务，而且内心也得到了彻底的解脱。我盼望能独自散步，心满意足地走我自己的人生道路。我将知足常乐。亲爱的朋友，这就是我对未来的安排。我将随着生命的溪流缓缓流淌，直到与我的父辈共寝九泉。”

正是有了这份舍得放下的淡定胸怀，让华盛顿有了充足的时间来观察自己身边的事物。与世隔绝的田园生活为华盛顿提供得以专注思考的空间。也正是在这段时间里，华盛顿酝酿出了后来宏伟的西部开发计划，也正是这个计划改写了美国的历史。

能够放得下过去，是一种伟大的人生智慧。“不以物喜，不以己悲”的情怀虽然不是每个人都能做到的，但是作为普通人我们至少应该学得皮毛，试着将过去的种种放下，因为我们毕竟是活在今天，我们还有崭新的明天要去迎接。如果想要今天不会成为未来不好的回忆，那么就不能在过去的回忆里耽误过多的时间，浪费过多的精力！

心灵悟语

过去的已经过去，未来还在前方翘首以盼。我们要想举起未来，就得放下过去的包袱，轻装上阵，更加精神抖擞地面对生活。如此，生活才能越过越美，回忆才能越来越甜。

放下不幸，放下自我怜悯

泰戈尔说："如果你因为错过了太阳而哭泣，那么你也将错过群星了。"调整尺度，着眼前方，大步向未来迈进的人将会发现走过人生灰暗后沿途的风景依然很美，也许还会有意想不到的兴奋收获。

人的幸福指数在相当大的程度上都受自我暗示的影响，幸福不是靠别人给予，而是要懂得自己争取。但有些人偏偏愿意将自己生活或工作的重心放置于某一点上，他的心情就会随着这一点而忽高忽低，忽上忽下。他可能会因为这个人针对这件事情的一句赞扬而扬扬得意，亦可能会因为短暂的不理想而郁郁寡欢。他把自己绑在某一个点上，于是心就变得不自由，幸福感也骤然降低，却不知这种不幸其实是他自己造成的。

有一个女人深深爱着她的丈夫，可是步入婚姻殿堂几年后他们就遭遇了变故，男人执意要离开女人。这个女人悲伤至极，便到处向别人哭诉她的遭遇，并用尖锐刻薄的话语来攻击这个她曾深爱过的男人。开始，周围的朋友亲戚对女人婚姻的变故倍感同情，可是随着时间的流逝，大家都害怕了：女人依然如同祥林嫂一般喋喋不休地咒骂前夫。直到有一天她自己发现，亲朋和好友都在刻意地躲避她，女人百思不得其解，终于在家人的劝说下走进了心理诊所。

女人如同往常一样向心理医生诉说着自己感情中的不幸，用重复了千百遍的恶毒语言对前夫进行攻击，此外还对医生说出了自己的困惑，为什么在自己如此不幸的时候，周边的朋友却都要远离她，致使她处于孤独无助状态。

医生冷静地听过女人的遭遇，对她说："你之所以感觉到痛苦，是因为你不懂得放宽尺度，不肯放过自己。"听罢医生的话，女人愣住了。

医生继续说道："你的朋友、亲戚远离你，是因为他们害怕你，不敢和你继续来往。"刚刚听到这里，女人大呼冤枉，急忙打断医生的话说道："不可能，不可能。我是受过伤害的人，我不可能再去伤害别人，更何况那些人都是我的好友，是我可以信任依赖的人。怎么能说我要伤害他们呢？"

心理医生默默地打开身后的音响，放了些舒缓情绪的音乐，待女人渐渐平静下来，医生说道："你虽然和前夫有过一段姻缘，但是由于种种原因你们的感情出现了裂痕，最终走向各分东西的道路。可是你和前夫已经离婚多年，你还对前夫耿耿于怀，并且用一些恶毒的言语来诅咒他，你的举动已经吓到了你身旁的好友。既然你和前夫已经成为最熟悉的陌生人，你就应该学着释怀一些，宽容一些，将心灵的尺度适当放宽。反之，你钻进感情的死胡同，执拗地不肯出来，受伤的只有你自己。而当你用刻薄的话语攻击前夫时，你的举动已经在无意中伤害到了你的朋友，让他们对你产生恐惧，对你敬而远之。”

女人听到医生的分析后如同醍醐灌顶一般，这么长时间以来她都不肯走出感情的沼泽，将自己置身于泥沼中苦苦挣扎。离婚的事情对女人伤害太深了，女人每天都在用悲痛欲绝给淌血的伤口加压，以至于久久不能痊愈。一个女人不能对别人或事物中的过错和事物紧盯不放，要学会放宽心灵尺度，给自己留有喘息空间，在放过他人的时候放过自己，就能够早一点接近幸福。

不懂得放过自己的人，见证的是坚韧决绝的内心深处脆弱得不堪一击的一面，它悲哀地昭示着自己截断后路又前途无望的悲惨境地。倘若在迷茫中独自徘徊也是因一时找不到出口，那么，试着为心灵敞开另一扇门，将承受底线的尺度放宽一些，自然就会感到如释重负。

于丹在《论语心得》中曾举过这样一个例子：“一个人在

星期一莫名其妙地挨了一顿暴打，他会在星期二去向周边朋友哭诉。到了第三天的时候，也许他被郁闷的心情整得不想见任何人，可是到了星期四，他就会压抑不住怒火去四处找茬打架，发泄心中的抑郁。”

这个精辟的例子一针见血地指出了愚蠢的人会用别人的错误来惩罚自己，而聪明的人懂得放过自己，继续优哉游哉地过着幸福的小日子。所以，作为一种感情动物，我们要学会调整自己的情绪，调节自身的状态，懂得放宽心灵的尺度就是为自己增添幸福的筹码，放过自己才能走出不幸，给自己重生的机会。

心灵悟语

人的一生就如同一片树林，当你靠近一棵树的时候，看到的也许是粗糙的树皮和曲曲折折的枝丫，而你退后几步就不难发现，其实这是一整片郁郁葱葱的树林。置身于茂密的丛林中，尽情地舒展自己的身心，深深吸一口纯净的空气，就会发现湿润的气体直冲入胸，顿时被一种舒畅惬意的幸福所包围。

往事纵然繁花似锦，可是当下才最灿烂

我们生命中的重要时刻，不是过去，也不是未来，而是现在。过去和未来对我们每个人来说在空间上都只不过是一个时间概念而已，我们要相信当下每一时刻发生在自己身上的事情都是最好的，也要明了我们的生命都是以最好的方式展开的。因为我们能把握的、能感受的，就只有当下，所以，我们要好好地把握当下。

有一句俗话叫作“走过路过，不要错过”。其实，我们每个人在过往的经历中，总是会在不经意间，错过一些自己不曾看重的人和事，也许并不是我们不珍惜，只是我们当时总是思前想后，犹豫再三，不能抓住当下的幸福，所以我们的生活中总是有人在不停地感叹和抱怨“为什么世上没有后悔药呢”！

生活中总是有太多的无奈和遗憾，然而过去的事总是会

成为过去，无论怎样留恋它都不会成为现在，我们唯一能做的就是好好地珍惜现在，把握好当下，不要让自己再重蹈覆辙，不要让自己的人生再留下遗憾。

有这样一个故事：

曾经有一个人对上帝极其崇拜，每天都会在上帝面前祷告，希望有一天上帝能垂青于他。突然有一天他所居住的地方发生了海啸，道路全部都被淹没了，他只好爬到自己家的屋顶上去求生，可是不幸的是，海水还在上涨。就在海水快要淹到他的时候，有一艘救生船停在了他家房子旁，船上的人叫他赶快上船。他却坚持说："不用担心，上帝会来救我的，我是不会上你这艘小船的。"没过多久，又来了一艘救生船，可是他还是不走，坚持说上帝会来救他的。无奈之下第二艘救生船也离开了。

过了一会儿，在他家屋顶上空停了一架直升机来救他，他依然不走，仍然说："不用你们来救我，上帝会来救我的。"就这样，他又拒绝了直升机的救助。最后他终于被巨大的海浪淹没了。

这个人死后，他的灵魂晃晃悠悠地到了天堂，看见上帝后就充满怒气地说："我一直以来都把你视为我最尊敬、最值得信赖的上帝啊，为什么我都快死了，你都不来救我啊！难道是我对你的信仰还不够多吗？"上帝笑着说："年轻人，你错了，我救了你三次啊，可是每次都是你自己不接受，你怎么能说是我不救你呢？”这时，这个虔诚的信徒才明白，不是上帝没有救他，而是他自己失去了逃生的机会。

还有这样一个故事：

曾经有一位哲学家徒步远行，途经一座古罗马城池的废墟。历经千百年风吹雨淋，这座城池已经是满目疮痍了，不过仔细观察依稀还是能看到往日的风采。哲学家想驻足停留片刻，感受一下这里的往事。看着被历史淘汰下来的断壁残垣，似乎能听到往日的金戈铁马之声，不由得发出了一声长长的叹息。“这位远道而来的客人，你在叹息什么呢？”这个突如其来的声音，打断了哲学家的思绪。他朝四周看了看，没有看见任何人，到底是谁在说话呢？

当他满心的疑云还没有散去的时候，那个声音又响起来了，哲学家仔细地端详自己身边的那座石雕，原来那是古罗马时期留下来的一尊神像——双面神。哲学家满是好奇地问了一下：“你能告诉我，你为什么只有一个头，却有两副面孔吗？”双面神说：“因为有两副面孔，我才能一面观看过去，看看过往需要吸取的教训；一面瞭望未来，去勾勒展望自己的美好前途。”哲学家又问了一句：“那你的现在呢？”“现在？”双面神满脸茫然，不知所措。哲学家说：“时间是永恒的却也是无形的，过去只是现在的曾经，你只能把它当作回忆，永远都不可能回来。未来又是现在的延续，谁都不是预言家，也不能预知谁的未来。而你却根本不把现在放在眼里，纵然你可以知晓前世今生，可是对于‘现在’来说，又有什么意义呢？”

双面神听了哲学家的这番话之后，情不自禁地失声大哭起来。遥想当年，就是因为自己没有把握当下，才使得罗马城失陷，自己也被人们当垃圾一样丢在了这断壁残垣的废墟中。

不管是故事中上帝虔诚的信徒还是自诩为能洞察过去与未来的先知，他们都过分沉迷于往事和虚无缥缈的未来，却不懂得把握实实在在的现在。你回头试想，我们又有哪个人能一直停留在过去，哪个人又能先一步窥视自己的未来呢？

殊不知，你昨天刚想好要做的事情，就被今天新的事情耽搁了；昨天你还在想明天是个好天气，今天刚一起床就开始电闪雷鸣了。所以说，我们与其在那无望的过去和无望的未来之间徘徊，还不如把握当下，珍惜现在，这对于我们普通人来说就显得尤为重要，因为你能把握的就只有今天。抓住今天，你也就抓住了你的未来。

这又是一个阳光明媚的周末，太阳悄悄地爬上了山腰，凯蒂原本想好好地睡一个懒觉，但是内心里总是有一种罪恶感在强烈地挣扎着，驱使她要赶紧去教堂做礼拜了。

凯蒂急匆匆地洗漱完，穿戴整齐，急忙赶去离她家不远的教堂。

还好，礼拜的仪式才刚刚开始，凯蒂悄悄地从后门进去找一个靠边的位子坐下。最前面的牧师开始祈祷了，凯蒂正准备闭眼低头聆听的时候，却看到坐在他旁边的一位先生的脚轻轻地碰了一下她的脚。

凯蒂偷偷地往隔壁先生那边望了一眼，心想：这位先生座位的旁边有足够的空间，他为什么还要碰我的脚呢？凯蒂心里感到阵阵的不安，但旁边的先生似乎没有注意到。

接着，祈祷开始了，牧师才刚开了个头，凯蒂又悄悄地看了一眼旁边的这位先生，就又忍不住回想刚才的事情：这个人还真是讨厌，怎么那么不自觉，鞋子好像是从垃圾堆里捡来的一样，又破又脏。

牧师还在前边继续祈祷，旁边的先生悄悄地说了一声："谢谢你的祝福！阿门！"凯蒂竭尽全力想集中精神来祷告，可是心思总是忍不住就跑到她旁边那位先生的鞋子上了。她想：教堂是一个何等神圣的地方，难道就不能穿一双比这更好一点的鞋子来吗？

祷告不知道什么时候结束了，人们都唱起了赞美诗，凯蒂旁边的这位先生更是在自豪地唱着，甚至还不由自主地高举着自己的双手，真是慷慨激昂啊。凯蒂甚至在心里讽刺他：万能的主一定能听到他的声音。在准备要奉献时，凯蒂郑重地放进了自己早已准备好的支票。而隔壁的这位先生却在身上摸来摸去的，只摸出了几个硬币，蹑手蹑脚地放进了盘子里。

每次来做礼拜，凯蒂总是被牧师深情的祷告感动着，显然牧师也感动了她旁边这位碰了她脚的先生，因为凯蒂看见他脸上还有未干的泪痕。

每次做礼拜总是会有新的朋友到来，就在今天的礼拜结束后，人们也都像往常一样欢迎新来的朋友，让他们感觉自己好像在一个温暖的大家庭中一样。凯蒂心里有种想认识她旁边这位先生的冲动，于是她很亲切地握住了这位先生的手。

凯蒂又仔细地打量了这个坐在她旁边的先生一番，只见他是一个年纪偏大的中年黑人，头发蓬乱，不修边幅，但是凯蒂还是很真诚地谢谢他来到教堂。这位先生激动得居然又一次热泪盈眶，对凯蒂微笑着说："你好，很高兴认识你，我的朋友，我叫约翰。"这位先生擦了擦满是泪水的眼睛继续说道，"其实我来这个教堂已经好几个月了，但是却没有人理我，你是第一个和我握手打招呼的人。我也清楚自己这样看起来是不太庄重，但是我每次都是尽自己最大的努力保持最好的形象来到这里。每个周末，我都会一大早就起来，把自己的鞋子打上鞋油，然后再走很长的一段路来到这里，可是每次等我到了教堂的时候鞋子就又脏又破了。"听完这位先生真诚的述说之后，凯蒂感觉到阵阵的辛酸，忍不住流下了眼泪。

没想到，这位先生接着就满脸歉意地向凯蒂道歉："实在对不起，刚才我坐得离你太近了。其实，当你坐到我旁边的时候我应该先向你打招呼问候的。但是我想，就在我们刚才鞋子碰到一起的时候，我就知道我们应该是心灵相通的。"

听了这位先生充满歉意的话，凯蒂反而显得不好意思了，一时之间都不知道该说什么好了，等了一会儿她才回过神来说："先生，你说得对，其实，是你的鞋子触动了我的心灵。让我明白了，不能以貌取人，一个人最美的不是他的外表，而是他的内心。"

凯蒂还想说什么，却再一次哽咽了。这位先生恐怕怎么也不会想到，凯蒂此时此刻从心底里感激他那双又脏又破的鞋子，是它们让凯蒂看到了一个人真正的灵魂。

其实，我们对于别人的偏见，多是出于我们内心先入为主的看法，当然这也是产生矛盾最主要的原因。我们不如就趁现在的功夫去了解一下，兴许我们对别人会有更新的认识，放下你心里过往的偏见，让自己拥有一颗敢于在当下接受别人的心。

其实，过去的事情就过去了，我想当他们伸出双手的瞬间便已冰释前嫌。你会发现，当你遇到烦恼痛苦时，要多给自己一点思考的时间去沉淀，既然已经发生了，它就像历史一样，是不可能改变的，我们更不可能穿越时空回到过去，改变现在的结果。我们唯有改变自己当下的想法，才能解决过去带给我们的痛苦。

生活中，我们总是会因为自己的一时冲动做错事情，抑或是别人的错，但是身为当事人的你我往往会陷入迷茫中，而不能看清到底是谁对谁错。你应该这样想，这也许是上天安排的一次缘分呢。人与人之间不管发生了什么，不妨换个角度试想一下，这样我们就能设身处地为对方考虑，逆境也就会变成顺境了。

下面几点也许值得我们分享：

1. 从你自己的大脑中把自己解放出来。

不要在固有的思维中寻找你自己，遇到突发事情的时候，总是在过去的思维模式中寻找答案，要知道当下对你来说才是最重要的，否则，你错过的不仅仅是一次机遇，甚至是你的人生。

2. 要明确自己的目标。

这是活在当下、忘记过去最有力的砝码。不要好高骛远，那样你会迷失自己所要找的方向。

3. 好运不会总是光顾你的。

好运来临的时候，你一定要抓紧它。因为它是长了脚的，会走的。

4. 不要揪着你的过往不放。

追思过去当然没有错，也许你在考虑现在的问题的时候，它还能管点用，但是一味地痴迷你就会失去现在的方向了。

5. 从不快乐中超脱自己。

我们要善于经营当下的快乐，让它从不快乐中超脱出来。

6. 要知道过去不会在你的当下里生存。

你要知道你生命旅程的意义，如果说不想看到你的将来的话，那你现在进行的也就没有任何意义了。

7. 在当下学会心灵的转换。

心灵的转换源自于外部环境对你的影响，如果说你对别人的认知总是停留在早已化为灰烬的事物上，那你不是在慢性自杀吗？

心灵悟语

世界上任何一个人都不会回到过去，也不能穿越未来，何不趁现在就放下那些曾经束缚你的人情世故，还有所谓的功名利禄，难道你还要被过往蒙蔽吗？其实，当你真正放下这些的时候，你就会发现简单的幸福就在我们身边。

忘记当忘，学会给记忆“减肥”

生活中，大多数人都是靠记忆生活的。我们更应该记住的是那些曾经的美好，那些能记住别人的好的人，诚实守信、懂得感恩的人，也是心灵干净透明的人，他们是最能感受到幸福的人。

在工作中我经常遇到女员工之间为了一点鸡毛蒜皮的小事吵吵闹闹，搞得双方心里都不好受。

有一天，布朗小姐对我说今天上电梯的时候被同一个部门的艾利踩了一脚，然后布朗小姐也回踩了艾利一脚。

我记得她们俩刚到公司的时候，彼此之间的关系还是很友好的。布朗小姐经常忙得不可开交，有时候甚至都顾不上吃饭，艾利会主动帮她去楼下的餐厅带她喜欢吃的火腿肠，拿回来放在她的桌子上。而有时候艾利由于家里有事不能来上班，布朗也会主动帮她做完原本属于艾利的工作。她们反目成仇是因为一件小事情。有一次她们一起出去逛街，布朗看上了一件很漂亮的裙子，只可惜钱带得不够，艾利就帮她付了，可是后来布朗就把这件事情忘得一干二净了。于是在一次吃饭的时候，艾利就告诉布朗上次的衣服钱还没还给自己，没想到事后布朗四处宣扬艾利是怎样一个小心眼的人，这话传到了艾利的耳朵里，从此两个人就反目成仇了。两个人见了面就互相排挤，甚至有肢体上的冲突。我看到这样的事情，心里就会不舒服：她们之间真的有那么大的仇吗？

这两位曾经很要好的朋友，却没有记住曾经的美好往事，反而为现实的琐碎纠缠。难道她们忘记曾经对彼此的好了吗？这个是我不愿意看到的结果。

我想这也许是我们每个人都会犯的毛病，潜意识里总是希望别人对自己更好一些，就算是那个人在先前对我们有一百个好，但只要有一个不好，那以前的那些好就都被我们全部抹杀掉。我们只记住了别人对我们的不好，别人的缺点和错误，别人怠慢我们的地方……然后，我们再看这个人，越看毛病越多，越看越讨厌，全身上下一无是处。可是我们却忽略了一件事情，人无完人，如果说没有别人你怎么会看到你自己身上的缺点呢？我们彼此之间都是互为映射的关系，你看到他的种种缺陷，其实也是你自己身上存在的问题。一旦彼此间的矛盾升级，我们就把别人身上的小问题无限放大，从而也蒙蔽了我们的眼睛。

其实，你不妨这样想，我们都会犯错，当你不能容忍的时候，就回想一下别人的好，这样你就能对别人的缺点宽容一些了。久而久之，我们眼里看到的、心里想到的就都是别人的好，你会发现其实这个世界本来就是很美好的。

朋友之间，多记住一些曾经的友谊，你便会拥有更多的朋友；夫妻之间，多体谅一下彼此的不好，就会更加恩爱。当然，这也并不是一味地姑息、放纵别人的错误，这样做只是为了温暖自己的心。

有个年轻人的工作一直都不是很顺利，总是奔波于各个城市之间，但最终也是一事无成。他一直苦于没有办法改变这一困窘现状，而常常徘徊在无人的街头。有一天，他在街头看到一个老人，走过去想问问他有什么需要帮助的地方，老人说自己是出来散步的，于是他们就一起攀谈了起来。

老人给他讲了这样的一个故事。有一个叫比利的男孩，和他的朋友艾伦一起去徒步旅行。有一天，他们一起来到一座险峻的大山中。等他们一起往上爬的时候，比利一不小心踩空了一块石头，半个身体都悬在峭壁间，只有双手死死地抓住旁边的石头。艾伦看见这种情景，立刻爬到比利的身边，在经过艾伦的一番拼死相救后，比利终于得救了。比利为了感谢艾伦的救命之恩，感激地说："刚才真是太危险了，要是没有你，我想我恐怕早就葬身在山谷之下了，为了表达我对你的谢意，我决定要把这件事刻在石头上。"艾伦却并不以为然，淡淡一笑说："你也太小题大做了，我想任何一个人遇到这种事都会跟我做一样的事的，你没有必要这么认真吧？"比利却什么话也没说，依旧那样做了。

旅行还在继续，这一天，他们来到宽广无垠的大海边。两个人一边欣赏大海的美丽景色，一边若无其事地谈起了充满意味的人生哲学。说着说着，两人就开始争吵起来，吵到激烈处，艾伦急了，一不小心失手打了比利一个耳光。比利异常愤怒，说："没想到，你敢打我，我要把这件事记下来。""我不是故意的，你又何必认真呢？"艾伦说。还没等他讲完，比利就在沙滩上把这件事写了下来。

艾伦觉得很奇怪，问："我记得上次你要跌落悬崖的时候，我救了你，然后你把我救你的事情刻在石头上，怎么这次我打了你一耳光，你却要写在沙滩上？"比利笑着说："你不了解我，我每次把自己要记住的事情分为两种，记在石头上的事情，是我这辈子都不想忘记的事情；记在沙滩上的事情，是我这辈子都不愿意再想起的事情。"艾伦听了之后，感觉自己真是羞愧难当。从此以后，艾伦和比利两个人成了生死不离的好朋友。

老人讲完之后，年轻人听得热泪盈眶，老人却语重心长地对他说："其实我们人与人之间相处最忌讳的就是互相猜忌，为了一点小事而斤斤计较，你要懂得宽容和大度才是为人的根本，虽说人跟人之间难免会有摩擦，但是这个时候，你更多的是要想到别人的好处，要忘掉那些小事所带来的不快。"听完老人的这番话之后，年轻人茅塞顿开，然后向老人深深地鞠了一躬，感谢他在自己迷茫的时候出现，还和自己说了这些足以让他铭记一生的话。

没过多久，年轻人便找到了工作，数月后，凭借自己慢慢累积起来的人脉关系，在公司里脱颖而出，老板也很赏识他，开始让他独当一面。

年轻人感谢那位老人，他也永远不会忘记老人给他讲的那个故事。人生在世，总是会跟形形色色的人打交道，只要你像故事中的比利一样，记住别人曾经对你的好，忘掉他们的过错，还自己一个洁净的心灵，你也就会得到他人最诚挚的感情和最真诚的心。

是的，这也是我们每个人的处世哲学，每个人都不愿意别人只记得他的坏处吧，记得一个人的好处总是会强过记得一个人的坏处，你何不敞开胸襟让自己释怀那些曾经不好的记忆，为自己开启一片新的净土。

我小的时候，父母经常教导我：记住那些快乐的事情，并常常回忆它们，这样就会幸福。是的，我们每个人来到世上，都渴望幸福快乐。然而，我们的做法常常与我们的目的背道而驰。我们常常因为生活的烦恼而不愉快，并且老记着这些烦恼，结果令自己更加不快乐。我们何不改变一下自己的观念呢？尝试着记起快乐的事，让快乐充满我们的记忆。这样我们才能变得越来越幸福。因为烦恼多了，快乐就少了；而快乐多了，烦恼就少了。

人的一生很短暂，如果把所有的记忆都抛却、忘记，人生将是漆黑一片，生活一片狼藉，精神上也会一片困顿。记忆是人类独特的功能，正因为我们有了记忆，我们的生活才变得丰富多彩，我们的生命空间才能无限拓展。在我们的一生中，一定会有不少美好的回忆。它可以是一个礼貌的问候，一句简单的话。就是这样平凡的小事，如果你记住它，把它好好地保存在我们的记忆里，它就有可能给我们的人生带来巨大的启迪。

我的一个朋友向我诉苦，他喋喋不休地向我诉说生活中的种种不如意给他带来的种种烦恼。我就问他："在你的生活中，难道就没有美好的事情让你回忆起来？"他想了想，沮丧地摇了摇头。我说："难怪你的生活这么多烦恼，因为你记住的都是烦恼。"我告诉他，要记住生活中美好的一面，哪怕仅是一个美好的片段。每当不愉快时，就慢慢品味这些美好的片段，你的人生就会充满阳光，幸福就会主动来敲门。

所以说，幸福的生活其实就是我们自己给自己的，如果只想着通过别人来给予你，那你就大错特错了，我们要想有自己的美好生活，就要学会给自己的记忆“减肥”。当然，这是一个令人痛苦的过程，除非你得了健忘症或者是老年痴呆症，但即便如此，往往给我们留下最深刻印象的也总是让我们津津乐道的故事，而当我们回忆起这些故事的时候，心里和脸上总是会不自觉地洋溢出幸福，因为那是我们发自内心的真挚感情。

乐于忘怀是一种心理平衡。如果说你一定要将自己的记忆之舟装满的话，估计迟早有一天你会翻船的。

要适时地给自己减压。人生不如意十有八九，你要是想让自己快乐地生活，那就必须要学会给自己减压，当然最好的方法就是学会忘记，凡事不仅要学会拿得起，而且要学会在适当的时候放得下。

真诚坦然地面对现在的生活。其实有时候人生就像一次长途跋涉，我们总是在不停歇地向前行走，我们谁都不知道自己会到达哪个终点，殊不知你遗失的最美好的就是你眼前的风景，过去的许多事情都会跟随时间一去不复返，你更应该珍惜你现在的生活。

要有选择性地忘记。事实上，我们在与人交往中，有许多事我们无论如何都是无法忘怀的，也不应该忘怀。尤其是失恋的时候，终究会有一个人要受伤，我们为什么不多念叨别人的好呢？我想对往事既往不咎的人，才是乐观向上活得轻松的人。

往者不可谏，来者犹可追。曾经消逝的就让我们把它沉淀在记忆最深处吧，那些过往的不好让它随风而逝，潇洒地行走在自己的人生路上，寻找你自己人生中的金字塔。

要对未来有所期待。人生免不了会有遗憾，也正是因为有了遗憾，所以我们才对未来充满期待。就像断臂的维纳斯雕像一样，如果她长了手臂，我们反倒不觉得她美了。你的要求不要总是那么苛刻，否则你的心灵就不会得到解脱。

心灵悟语

其实，现实生活中的大多数人总是会在背后谈论别人的家长里短，这是一个很不好的习惯。人无完人，每个人都不是天生完美的，这只不过是一个时间问题，所以我们要加强自己的内心容忍力，要学会怎样先去爱别人，不要总是惦记着人家的不好，多想想人家曾经对你的好。

归零的艺术

有人喜欢抓住过去不放，有人觉得过去的回忆是生活中最不可或缺的部分，可是如果大家的脑子里都装着过去，又怎么能装进崭新的未来？过去的，请在今天归零，无论是多么傲人的业绩，多么值得珍惜的回忆，都将在不久以后归于心灵一隅。生活的本质即是重新开始，打包过去，才能认真地、满怀希望地迎接明天的美好生活。

过去的，都要在今天归零，不是彻底地遗忘，而是永远地纪念。只有归零，才能清空自己的内心；只有归零，才能让自己更加谦和，去适应各种崭新的变化。

一个在佛学界造诣很深的人，觉得自己已经有所成就，就去拜望一位德高望重的老禅师，希望能从他那里多学些东西，不断地丰富自己。到达后，接待他的是老禅师的徒弟，这个人本是慕名而来，怎奈接待自己的却是晚辈，心中很不悦，态度显出明显的傲慢。后来，老禅师恭敬地接待了他，并亲自为他沏茶，他的心才渐渐恢复了平静。然而，老禅师在为他沏茶倒水的过程中，杯子里的水明明已经满了，老禅师还是一直不停地倒，他困惑了，问禅师："大师，杯子不是已经满了吗？为什么还要再倒呢？"老禅师笑着回答："是啊，既然已经满了，为什么还要再倒呢？"他恍然大悟，不由得一阵羞愧。他从大师这里学会了"归零"，无论是做事还是做人，先要有谦卑的态度，这样才能有空间去提升自己，让自己获得更大的成就。

生活中的我们，想让自己没有压力和负担地快乐前行，更需要在今天，把过去的一切清零。从现在起，整理过去，永远不晚。一次心理课上，老师让同学们写出过去曾经感到愧疚、遗憾或者不完美的事情，然后让同学们读出所写的内容。这个问题太隐私了，汤姆觉得很难为情。可是，有的同学已经自告奋勇地大声读出了自己的"隐私"，这让汤姆的心不由得一震，他想起了多年前的一件事。

小时候，汤姆生活在一个小镇，小镇里的孩子们都不喜欢当地的警长艾伦先生。一天晚上，他们决定捉弄一下警长。他们找来一桶油漆，爬到小镇最高的水塔上，用鲜红的油漆漆上了几个大字——艾伦警长是个笨蛋！第二天，全镇的人都看到了这几个大字，不过几个小时，警长就找到了他们这帮“元凶”。经过询问，其他孩子都坦白交代了，可是汤姆却一直撒谎，拒绝承认这个事实。艾伦警长也没有继续追究，而是放他走了。

差不多已经过去20年了，课堂上的汤姆突然很想打电话给艾伦警长。这么多年来，每次听到小孩子说谎，汤姆都会想起这件事，内心无比的自责，他还是放不下这件事。终于，他鼓起勇气，往家乡的小镇去了电话，他的声音有些颤抖：“请问是艾伦警长吗？”电话那端回答：“是的！”汤姆接着说：“我是小汤姆，我，想告诉您我曾经向您撒过谎……”一阵沉默后，艾伦警长大笑着回答：“我早就知道了！不过，我很高兴你终于在20年后放下了这件事情，20年来一直惦记着一件事情，心里肯定很不是滋味。你已经释然了，我很开心，希望你以后幸福！”汤姆放下了电话，他的心里，从来没有像现在这样轻松。

心灵悟语

过去的，都要在今天归零，因为人生有很多新的起点，重新开始，才能收获更多。只要我们愿意，随时都可以从零开始，抛开了过去，才能够整装待发，快乐前进。

向前走不难，重要的是看淡纷扰

《诗经·关雎》里有这样几句话：“窈窕淑女，寤寐求之。求之不得，寤寐思服。”这个世界上，有很多让我们“求之不得，寤寐思服”的东西。得不到怎么办？苦思苦求并不是解决之道。与其让自己痛苦煎熬，不如学会看淡，学会放下。

要说看淡与懂得放下的人，林语堂可谓是个中翘楚。他曾在婚后不久做了一件让外人瞠目结舌的事情——一把火将刚领的证书烧掉了。他说“结婚证书只有离婚才用得上”，烧掉它，表明了他要和妻子永远相爱、白头偕老的决心。

烧结婚证书，是对形式的看淡。爱，是一种真正发自内心的东西，抛弃那一纸的形式，把两个人的缘分埋在心里，才是真爱。

林语堂和妻子廖翠凤鱼水和谐，一辈子相亲相爱，可谓是一段幸福、美满的姻缘。同时，很多人也知道，林语堂心中还爱着一个人——陈锦端。陈锦端是林语堂一个同窗好友的妹妹，长得很漂亮。她爱慕林语堂的博学多才，林语堂也为她的美貌所倾倒，两个人一见钟情，双双坠入了爱河。

可是，陈锦端的父亲是一个名医，家境富裕，而林语堂却出生在一个贫穷的牧师家庭。两个家庭悬殊的差距成了这对恋人越不过去的坎儿。陈锦端的父亲明确告诉林语堂自己的女儿已经定亲，让他死了这条心。

林语堂知道这件事情没有回旋的余地，就不再苦苦纠缠。他忍痛与陈锦端分了手，心里却对她念念不忘，还一直爱着她。每次陈锦端来家里做客，他都会十分紧张；平时画画时，林语堂也会不知不觉把画中女子画成陈锦端的形象：留着一头长发，用一个发卡别在脑后。

但林语堂对初恋情人的爱恋是光明磊落的，从不躲躲藏藏，也从不隐瞒妻子和自己的孩子。有一次，女儿问他为什么总把画中女子的发型画成那样，林语堂就直言不讳地告诉她："因为你锦端阿姨的发型就是这样的啊！"

还有一次，陈锦端的嫂子去林语堂家拜访。那时，林语堂住在香港，当他听说多年杳无音信的陈锦端在厦门时，好像一下子忘了自己是个疾病缠身、靠坐在轮椅上才能活动的老人，高兴地说："你一定要告诉她，我要去看她。"

也许你会问，难道林语堂这样做，他的妻子不会吃醋吗？若换成别人，看到自己丈夫对另一个女人念念不忘，肯定心里很不好受。可廖翠凤是一个很聪明的女人，她懂得要想闲适地生活，就必须学会看淡，学会放下。

过去的事情无法改变，藏在别人心中的感情也无法改变，哪怕这个人是自己的丈夫。真正爱他，就接受过去的他，接受真实的他。

同样，林语堂对这段未竟的恋情能表现得如此磊落和坦然，正是因为他已经看淡，已经放下了。

坦然面对过去和自己真实的内心，好好珍惜当下拥有的生活，这就是林语堂夫妻二人的相处之道。

感情的事情是这样，别的又何尝不是如此。有一个十分爱好收藏古币的朋友，他把古币视为珍宝，几乎把自己所有的积蓄都投入到了古币收藏中。为了买古币，他变成了一个不折不扣的“月光族”，有时候还沦落到借钱生活的地步。

不过，朋友们从未见到过他买的古币。因为他怕古币氧化了或丢失了，一买回来就把它们分好类，做好记录，然后层层包裹，小心翼翼地存放起来。为了防盗防偷，降低风险，不引起别人注意，他还刻意在装古币的袋子外面缠上一圈又一圈的破布，然后跟一堆别的旧衣服、破袜子，或一堆不起眼的杂物一同放在不能上锁的地方。真是用心良苦！

“你既然喜欢古币，为什么又要把它们藏起来呢？买了后又不见，又不摸，还有什么意义呢？”有人这样问他。

“喜欢不一定要看要摸啊！心里有就行了。”他得意扬扬地回答。

“既然心里有就行了，你还买它们做什么呢？”

“我要把它们都搜集起来，等我老了就跟我埋在一起。”

我们都认为这个朋友的举动有些疯狂。难道爱一样东西，就是为了活着时占有它，死后把它一同带进坟墓吗？

那个朋友没有想明白这个道理，常为收藏古币的事情把生活搞得一塌糊涂。比如，他不愿意把自己偷偷买古币的事情告诉女友，原因是怕遭到她的反对，尽管这件事情已经人尽皆知。每次他背着女友偷买古币后，俩人总要大吵一架。她生气的，其实不是他买了古币这件事，而是他背着她做事还不让她知道的态度。

又比如，为了不让别人不小心在他家翻到古币，他干脆拒绝任何人登门拜访。久而久之，人们都觉得他太不信任朋友，渐渐疏远了和他的关系。

此外，他还常常因为古币的事情焦虑不安。他曾好几次连夜折腾，把那些分散在各处的古币整理到一起，过几天，又将它们分散开。如此循环，乐此不疲。别的人不太理解他，问他为什么要这样做。他的回答是：“一想到万一哪天发生火灾，我就想把它们放在一起，到时候方便抢救啊！可是，如果都放在一起，遇上小偷就麻烦了。”

为了看住他那堆“宝贝”，他平时很少出去长途旅游，就怕出现意外让那些古币遭了殃。即便在家，他出去几分钟都要把门锁上，因为生怕此间有人乘虚而入，拿走了他的宝贝。

因为几个古币，何至于此？说轻一点，这个朋友是不够淡定，把身外之物看得太重，过于焦虑了；说得重些，也可以说他有些疑心病、强迫症的症状，心理有些不正常。

如果他懂得看淡，懂得放下，大概就不至于如此吧。

心灵悟语

所爱之物，应该给自己带来愉悦的心情才对。得之我幸，不得我命。无论是人是物，何必看得这么重呢？看得太重，只会让自己活得很累，活得很苦。看淡是智慧，放下是爱。学会急流勇退，学会随遇而安。那些不属于你的，迟早会离开你；那些属于你的，谁也拿不走。

人最软弱的地方，是舍不得

“曾经有一个很好的机会摆在我面前，我没有好好珍惜，直到失去才追悔莫及。如果再给我一次重新选择的机会，我一定会……”这段话堪称经典，是因为我们每个人都有共识。可是现实生活中，并不会真的有那么多机会让我们去重新选择。人生最软弱的地方，就是舍不得，因为舍不得，该放下的难以放下，该拿起的便无从拿起，因为舍不得，一切都变成了将错就错。

该舍得的时候就要舍得，俗话说：舍不得孩子套不着狼，机会就那么几次，抓住了就能改变自己，改变人生。

这天王明下班回来，他给儿子带来一个招聘信息，说是一个上市公司正在招聘网络管理员，一旦被录用薪水非常丰厚，而且这家公司很有发展潜力，他们推出的新产品在市场上反应都很不错。

王明的儿子小虎也很向往这次招聘，可在短期培训班学习眼看就要结束了，如果现在被聘用了，一年的培训就算是白念了，以至于毕业证书也拿不到。

就在小虎左右为难的时候，父亲王明笑了起来，边笑边说要和小虎做个游戏。王明把刚买的两个哈密瓜一一摆放在小虎面前。王明让儿子小虎先抱起一个，然后再抱起另一个。小虎当时就傻眼了，抱一个已经够沉的了，抱两个肯定是抱不住的。

“你打算怎么把第二个也抱住呢？”父亲王一再追问。小虎想破了天，仍然想不出招来。这时候父亲叹了口气：“傻孩子，你就不能把手上的那个先放下来吗？”小虎慢慢缓过神来，对呀！放下一个，不就能抱上另一个了吗？小虎这么做了。

父亲接着说道：这两个总得放弃一个，才能获得另一个，就看你自己打算怎么选择了。小虎恍然大悟，最终选择去这家公司应聘，放弃了培训。后来，小虎如愿以偿，成了那家上市公司的职员。

若是因为有牵挂舍不得一而再再而三地失去，舍不得就会变成窝火，心中自然不会痛快。

“下海”这个词即使过了这么多年依然吸引着很多人去实践。半个月前的一次同学聚会，大家都说现在下海经商的愈来愈多。其中有位同学在某事业单位任职，他直言：自己也想下海，可以多点机会赚钱，可又舍不得离开事业单位，毕竟旱涝保收、福利丰厚。因此，他犹豫不决。他的同事倒是辞职下海了，如鱼得水，干得顺利，让人羡慕。那同事对他说，不愿放弃，却又想再获得，你以为你是谁？哪有那么好的事情等着。他也觉得同事说得在理，但是他仍然犹豫不决。

这中间，又提及以前的一个同学，说她本是班上长相最佳、气质独特的女孩，但到现在仍是单身。有人说，追她的人太多，让她眼花缭乱。她觉得这个挺好的，转眼又觉得那个其实也不错，总想选一个各方面都完美的人。这个想法并不坏，可再好的男人也是人，最终，爱情在她身边慢慢流失了。

其实，她还真碰上过一个真正爱她、疼她甚至宁愿为她放弃一切的男孩。这样的男孩在现在这个社会已经很少了，男孩比较传统，心眼实在，很有男人味。女孩曾经把他作为第一考虑的对象，相处了很长时间。与此同时，女孩还在不断地约会其他男孩，倒也没做什么出格的事，就是想给自己多一点选择的机会。这个男孩虽然爱她，最后也是难以忍受她这样的举动。等到女孩有所醒悟时，男孩已经有了幸福美满的家庭，女孩追悔莫及。也许老天爷给她太多选择，反而让她失去了最宝贵的东西。

经济学上称放弃为机会成本，可见其也是一种成本。在我们做出选择的时候，实际上成本在不断地增加，如果不懂得放弃，什么都不想放弃，成本只会越来越大，又何来梦想成真呢！

心灵悟语

机会不等人，想要踩住人生的踏板，该放弃的时候就要放弃，该前进的时候就要前进。因为舍不得小溪而放弃看见大海的机会，心中难免会留存更大的遗憾。别把遗憾留给将来，从现在开始就学着放弃，学会舍得。

第三章 简单生活就是减少欲望

本来无一物，何处惹尘埃

五祖年老时欲传衣钵，命各弟子在墙上作偈。扫地的慧能小和尚趁别人不在，也在墙上题了四句偈："菩提本无树，明镜亦非台。本来无一物，何处惹尘埃。"

五祖看后大喜，就将衣钵传给了慧能，慧能即后来的六祖。

一千多年过去了，当我们回头再看这四句偈的时候，仍然不得不叹服古人的智慧。短短几句话，便将这世间人、世间事，点得通透。在无数天花乱坠的解说和阐释背后，其句中意则始终只有一层，那便是"空"。

这世间最令人难以了却的，莫过于一个"情"字。一个郁郁寡欢的年轻人来到五台山寻求解脱。寺里高僧问他："年轻人，你因为什么而烦恼？"年轻人说："我爱一位姑娘，她曾经也爱我，可她后来爱上了我的朋友。我在失去爱情的同时，也失去了友谊。这让我十分烦恼，不知道如何解脱。"

高僧说："爱是什么？友谊又是什么？你可曾遇到过爱？你可曾真的爱过？"

年轻人一时被问住了，答不上话。

高僧微笑着继续说："年轻人，你既然不知道爱是什么，友谊又是什么，也不曾见过它，为什么说是为爱而烦恼呢？你若真爱姑娘，真爱你的朋友，就会宽恕他们的一切，只想他们的好。想起他们的好，你的心中便只会有快乐，不会有烦恼。你的烦恼，不在那位姑娘，也不在那个朋友，更不在看不见的爱和友谊上，而在你自己心里。"

年轻人赶紧问："在我心里？那我是在为什么烦恼呢？"

高僧说："为你心中的尘。"

年轻人急切地问："那我要怎么将它拂去呢？"

高僧答："心中本无尘，你怎么拂？"

年轻人不解地问："大师，你一会儿说我心中有尘，一会儿又说无尘，我心中究竟有没有尘呢？我到底该怎么消除我的烦恼呢？"

高僧答："原本没有烦恼，可你觉得有烦恼，想着这烦恼，烦恼就会在你心里滋生，这烦恼就是尘。你觉得自己没有烦恼，烦恼自然就消逝了，心中也就无尘了。烦恼的起落，是一个从无到有再到无的过程。世间万事万物又何尝不是如此呢？草叶间原没有花，如果忽然花开时有人为之惊喜，那么花败时必然有人为之嗟叹。其实想想，花开了又谢，对没有见到它的人来说，就是不存在。即使有人见过它，它的存在也不过是刹那的幻影。既是幻影，何必为之烦恼？念由心生。你只要记住把心扫空，然后让它起善念，烦恼就不消自除了。”年轻人似有所悟，点了点头，下山去了。

回到家中，他躺在床上，反复咀嚼着高僧说的话，“念由心生”四个字在耳畔久久回荡。年轻人开始回想自己对这位姑娘最初的印象，她的美、她的好，犹如那花香，淡而不艳，有恰似无，萦绕在心间。这么想时，他的心情就愉快起来，姑娘仿佛从未远去，她的美好就一直留在他的心间。

他再想起好友往昔对自己的情谊，也不禁惭愧起来。好友和姑娘俩人既是两情相悦，就应该是值得祝福的一对。两个美好的人结合在一起，自己应该感到高兴才是，自己之所以不高兴，是起了嫉妒心，起了贪欲，这都是自己的恶念在作祟。

想明白后，年轻人不再整日躲在家里嗟叹。他找到了姑娘和好友，真诚地为他们送上了祝福。姑娘和好友也十分高兴，与他和好如初了。

每个人最难解脱的，除了“情”，还有“欲”。“欲”字为一个“谷”，一个“欠”。

谷物对人来说是缺不得的东西，一旦缺了，就会饥饿，从而引出想念、追求。欲有多种，如财欲、色欲、名欲、食欲、情欲等。饥饿让人产生食欲；精神的空虚让人产生财欲、情欲、名欲、色欲。一个人的肠胃尚有限，吃饱吃够了，食欲就满足了。可精神之欲却是可怕的，因为它永远都满足不了。

曾有个布衣，于山间劳作，自食其力。日间插秧种菜，偶然抬头看看蓝天白云；夜晚点灯夜读，听妻儿说话，日子过得平淡却充实。一日，布衣在城里做生意的邻人给妻子买了一件好看的绸衣，布衣见了十分羡慕，决定挑着家里的余粮去城里卖了，也给妻子买一件绸衣。

到了城里，布衣见街道上的人一个个身着绫罗绸缎，潇洒阔气，不禁大开眼界。他想："原来生活可以这么美好，我也一定要过上这样的生活。"

数年中，布衣渐渐放弃了种粮种菜的生活，学着邻人做起了生意。由于布衣踏实肯干，他的生意做得红红火火，不久就发家致富了。布衣家也拥有了一座豪宅，家中资产千万，顿顿都有美酒佳肴，人人都穿绫罗绸缎，真是好不富贵。

可是，好日子过了没几天，突然闯入一群强盗，把布衣家洗劫一空。几年辛苦创建的家业都被毁于一旦，布衣心里十分凄苦。正当他愁苦之时，邻人告诉他："做生意人是没有保障的。你要想生活富贵又稳定，不如去当官。那些盗贼，也只敢欺负老百姓，哪里听说过有盗贼洗劫当官的啊？”

布衣一听有理，于是借钱捐了个贡生，在城里当了一个小官。当小官自然不如当大官，当没有实权的官自然不如当有权的官。就这样，布衣想尽各种办法，一步一步往上爬。等他如愿以偿当上大官时，已经年过半百了。不过，他总算什么都有了：家中广厦千万，佳肴美酒无数，娇妻美妾成群。

可是，当大官似乎还有烦恼，就是不能自由自在。官场中暗流汹涌，布衣整天要看着皇帝的脸色行事，还要应对同僚的排挤，日子过得战战兢兢。

一次，布衣陷入了党派纷争的旋涡，他站在左边不是，站在右边也不是，站在中间更不是，愁得整夜辗转反侧，难以入眠。

正发愁间，他在迷迷糊糊中看见一团白光从门外飘进来，渐渐显出一位白衣仙人，说：“布衣，你不是心中有烦恼吗？有烦恼且随我来，我带你去看看没有烦恼的极乐仙境。”

布衣应答一声，轻飘飘地从床上起来，随着那白衣人腾云驾雾，来到一处云山雾海的仙境。布衣环顾四周，这里除了漫无边际的云海，别的什么都没有，大惊道：“这就是你说的极乐仙境吗？这里既没房子，也没鲜果、美酒，连一个做伴的人都没有，怎么会快乐和满足呢？”

那仙人道：“神仙本来就无身无形，不过是天地间的一股精气。它无所往，又无所不往，浩浩荡荡，飘飘忽忽，没有拘束，有什么烦恼？其实，凡人原本与神仙一样，没有烦恼。烦恼是因为受到了俗世间的各种束缚，钱财、名利、情色，每一样都是束缚。一个人对这些所求越多，所受的束缚就越大，烦恼就越重。那世间最可悲的人，就是那些把自己深深套在了俗物中的人。你瞧……”

仙人说着，把布衣带到一座仙池边，指给他看凡间形形色色的人的生活：那凡间之人，有人为追求财富卖儿鬻女，挥霍尽钱财后孤老死去；有人浑身被锦绣绫罗包裹，心中却千疮百孔；有人年轻时风光无限，追捧者无数，年老色衰时身边却冷冷清清，常暗自对镜流泪；有人仗势欺人，失势时被人骑在胯下当牛马；有人贪财好色，花天酒地，享尽荣华富贵却不能善终；有人身份至尊，享尽世间一切荣华富贵，却没有一个知心的家人或朋友……

一幕幕图景从布衣眼前飘过，忽然，眼前飘过一个熟悉的人影。定睛一瞧，原来是自己。他看见自己已经死了，正躺在棺材里迅速腐烂。他宠爱的妻妾们纷纷另嫁他人，旧人就成了新人，过得好不快活，早把他忘在九霄云外了。他那养尊处优惯了的儿子不久就把他的家产挥霍殆尽，如今衣衫褴褛，正可怜地蹲在一堵墙边乞讨呢。

布衣看着看着，心中无限悲伤，他问仙人：“难道我已经死了吗？难道我辛辛苦苦努力的结果竟然就是这样的吗？”

仙人哈哈大笑说：“你把自己视为那一个俗世的躯体，你就已经死了；如果你把自己视为天地间的精魂，你怎么会死呢？这池中照出的不过是种种幻象，你若能从这幻象中悟得大道理，你就会复活。要不然，我也救不了你了。”

布衣跪下来，连连磕头，只听神仙大喊一声：“仙本在你自己心中，你缘何求我！”说完一闪不见了。

布衣在大喊中惊醒，原来不过是一场梦。布衣觉得这不是一个平凡的梦，于是细细品味仙人之语，心中有所悟，遣散妾奴，携妻带子辞官还乡去了。

从此，布衣回到故里，重新过起了躬耕自资的生活。粗茶淡饭、几间茅房，用心细细体味，竟然远比那佳肴、宫殿可爱、亲切许多。白天，他荷锄上山，累了就看看天，自己的心就像天上的云，飞得很远很远。这种舒适和惬意，这种自由与放松，他很久没有体会了，顿时，心中一阵释然。

布衣临终时，内心十分平静满足，他把自己的梦告诉了妻子和儿子，说自己要去见那仙人了，并希望儿子牢记他的教诲，这样就可以永远快乐，没有烦恼。当然，我们并不是把追求卓越与贪得无厌混为一谈，钱财对于人类来说，就是个工具而已，而不是让其把人变成一个赚钱的机器。对于金钱和财富，一定要保持一种健康的心态。你可以追求成功，可以追求财富，但是不能为了这些而放弃做人的那些优秀品质，放弃享受人生的乐趣。哪怕你的钱并不多，只要能够物尽其用，也算是迈出了成功的一步。

心灵悟语

佛家认为，世间事，原本就是真真假假，如梦如幻。幻由空生，又归于空。人们追求的、在意的，即便得到了，最终也将转瞬即逝。生为世间人，我们无法都像佛一样看空一切，求得永无烦恼的极乐世界，但如果明白了“空”的道理，至少可以放下一些烦恼，学会无为而为：烦恼无法了结，就不了了之；忧愁如果无法排遣，就不遣遣之。这，也是人生的一种智慧。

欲望与幸福的人生法则

托尔斯泰说过这样一句话：欲望越小，人生就越幸福。他用一个故事来阐述了这个道理：从前有个人想要拥有一块土地，于是地主对他说："早上，你从这里往外开始跑，跑一段，插一根旗杆，只要你能在太阳落山以前赶回来，所有插上旗杆的地方都给你。"于是那个人拼命地跑，太阳西下了他还不知足。终于，在太阳落山以前，他跑了回来，可是已经累得一命呜呼，从此再也没起来。有人挖了个坑，把他埋了下去。牧师在给这个人做祷告的时候说：一个人要多少土地呢？就这么大！

从我们出生时的一无所有，到中年时候的愈加富足，我们除了变得富有，还被各种欲望折磨着。欲望越多，人就越觉得不满足，而知足常乐的道理，经常被人们忘记。想要活得轻松和自在，就要舍弃一些时刻膨胀着的欲望。

在美国有一个家喻户晓的人物，他就是施瓦辛格。有一次有人问他：为什么你每一个行业取得了成功之后，都会主动退出？他回答道，人无千日好，花无百日红，最重要的是我懂得“放弃”的奥妙。

后来他参加了州长的竞选，在当选州长后的一段时间里，很多人都怀疑施瓦辛格的办事能力，认为他只能演电影，充其量就是头脑简单、四肢发达会演戏而已，州长一职他不一定能够胜任。有一次在一个政府举办的酒会上，有个人故意给他难堪，问道：“州长先生，我们很想知道，您怎么能当选为州长？是不是靠您发达的肌肉和票房神话呢？”

施瓦辛格平静地说：“女士们、先生们，你们是不是以为我是在利用之前取得的名声，获得州长一职的？如果这样想，那你们就想错了！我想问一个简单的问题——”施瓦辛格的眼神飞快扫过人群说道。

“先生，我想问您一个问题，您爬过山吗？”他指着身边那个很有名的富翁问。

“当然爬过，不只我爬过，我想在座的所有人都爬过。这个问题是不是太过简单了，州长先生！”那个富翁轻蔑地说道。

“那好，当您爬上一个山顶后，打算再去旁边的一座大山，您会怎么做呢？”

“州长先生，这个问题连小孩子都会回答，当然是从这座大山前往那座大山上去，如果能让我坐直升机，会更快！”富翁开玩笑地说，引得大厅内的人一阵狂笑。

施瓦辛格接着问道：“好，我再问您，先生，如果没有直升机你该怎么做呢？怎么样才是最快捷的方法呢？”

“很简单，没有直升机，我又不能飞上去，只能从这座大山撤下了，然后朝另一座大山出发！”

“哦，我知道了。那先生您的意思是要先放弃之前爬过的大山，才可以拥有之后的大山喽？”

“这是肯定的，一个人绝不可能同时登上两座大山！”

“这太好了，我想我已经得出了我想要的答案！”

这时候大厅内沉寂了，随后爆发了阵阵热烈的掌声。

起初，施瓦辛格取得全美健美先生称号后转战好莱坞，他开始认为有良好的声望成功轻而易举，事实上影迷们不在乎你是什么称号，而在乎你的演技如何。明白这个道理后，他不断磨炼自己的演技，甚至不惜从跑龙套开始，而且他回到家中后将自己以前取得的所有荣誉全部放到储藏室，同时还告诉所有媒体：以后不要称我为健美先生，那对我来说是过去，那些荣誉就在储藏室里放着，如果谁想要，随时都可以拿去，我愿意放弃！媒体瞬间炸开了锅：施瓦辛格放弃健美先生称号在跑龙套！后来，当施瓦辛格在好莱坞取得了空前的成功后，他又打算从政。人们纷纷议论其能力，大家都说："找一个会演戏的当州长对市民来说绝对是个坏消息。"可他告诉大家，以前的"魔鬼终结者"已经过去了，现在他仅仅是一个州长候选人。就这样放弃了之前的成就，他又一次成功了。

生活就是这样，当你取得一个辉煌后，如果又想拥有另一个辉煌，就必须把以前的辉煌放弃，从头再来。因为，人的能力有限，如果你总想着以前的辉煌，那也许就会成为你前进的绊脚石。只要忘掉它、丢掉它，并从头开始，就已经取得了大半成功。

心灵悟语

人的一生要走多少段路转多少个弯才能知道自己究竟要的是什么？我们要的是生活本身，还是生活附加的物质条件？知足常乐，这是永恒不变的道理，生不带来死不带去的东西，适当地放下些，又有何妨？

不必要的荣誉，反而是枷锁

荣誉是一种肯定，每个人都希望自己的成绩能够得到众人的肯定。在荣誉面前，很多人难以拒绝，因为它绝不仅仅是面子事儿。可是有些人却能毅然决然地拒绝，因为有这样一种情形：当你放下不必要的荣誉，一切会显得更加简单可行，这是一份难得的心态，让成功含苞待放。

如果连荣誉都能放下，那是一种怎样的豁达和洒脱？因为放下了荣誉，心中的水桶不再七上八下；因为放下了荣誉，我们可以一身轻松，重新获得自己想要的一切。放下不必要的荣誉，这让我们目标更加明确，脚步更加轻盈。

LEE是一名计算机专业博士，刚来到美国，想要寻找一份理想的工作。不料四处碰壁，一无所获。实在没办法，他来到一家职业介绍所，做了登记。登记的时候没有出示任何证件，他以最低的身份填写了自己的信息。

很快，他收到了职业介绍所的通知，他被一家公司录用，职位是初级程序输入员。

他很珍惜这份工作，所以做得很投入也很认真，没多久，老板发现这个小伙子的能力，他能发现别人不易察觉的问题，能力比一般的程序员高出很多。后来，他拿出学士学位的证书，老板看到了，对他很赏识，于是给他换了一个相应的职位。

又过了一段时间，老板发现这个小伙子还有很多独特的建议，建设性远比其他大学生提的更加高明。这时，他又拿出了自己的硕士学位证书。老板对他更加刮目相看，立刻提拔了他。

又过了半年，老板发现，他几乎能够解决公司遇到的所有技术性问题，于是诚意邀请他到自己家里喝酒。

酒桌上，老板再三地追问，他才承认，自己是个计算机专业博士。因为找工作难，所以才隐瞒了这个事实。

第二天上班，他还没来得及拿出博士学位证书，老板已经任命他做公司的副总裁了。

LEE本是凭着一张普通的登记表进入了公司，却在这么短的时间里脱颖而出，这是因为，他过了自己心里的那一关，早已经将不必要的荣誉放下了。

法国著名作家小仲马，出生在一个显赫的家庭，有一个伟大的父亲，这对某些人来说是好事，对他却不是。他必须放下这些不必要的荣誉，以崭新的姿态证明自己。

开始的时候，小仲马的稿件被无数次退稿，次数多了，难免有些灰心丧气。这时候，大仲马的助手建议他说：你可以在稿件里附带这样一句话，说你是大仲马的儿子，情况就会好了。

小仲马连连摇头说：不，我可不想坐在我父亲的肩头摘苹果，那样摘下来的苹果有什么滋味？年轻的小仲马，他不但拒绝用父亲的名声来为自己当敲门砖，并且暗地里给自己取了十多个五花八门的笔名，以避免别人将他的名字和他父亲联系在一起。

面对一封又一封无情的退稿信，他始终鼓足勇气，继续坚持创作自己的作品。

在他的长篇小说《茶花女》寄出以后，其绝妙的构思、精彩的文笔震撼了一位业内资深的编辑，这位编辑曾经和大仲马有过多年的书信来往。他发现，寄件人的地址和大仲马家一模一样，怀疑这是大仲马为自己取的笔名。可是，这部小说风格却和大仲马以往的作品迥然不同。于是他带着好奇，来到大仲马家。

原来，这部小说的作者竟然是小仲马，年轻的、不愿意用父亲的名字扬名立户的小仲马。编辑问他：你为什么不在稿子上署上真实姓名？

他回答：我只想拥有真实的高度，放下不必要的荣誉。

心灵悟语

真正的成功者，从来不会依靠社会的荣誉或者优越的条件，而是依靠自己创出一片天地。不要让荣誉成为影响自己的负担，放下不必要的荣誉，就从证明自己的存在价值开始。

那些无法放弃的，多为执念

人生在世，欲望多，烦恼更多。你以为只要拥有了，便永远不能再失去；只要有了付出，就会有回报，可是结果偏偏不如你所愿。佛语中这样解释：菩提本无树，明镜亦非台；本来无一物，何处惹尘埃。我们觉得心中无法解脱，是因为不能放下。放下执着，同时放下那些欲望与不舍，把一切看淡，才能获得解脱。

我们因为执着不该执着的东西，因而经历不该经历的痛苦。生命就是这样，人心之所以不安，是因为将自己寄托在了本来就不稳定也不真实的东西上，比如物质，比如金钱。只有放下这种执着，才能获得真正的解脱。

一个身心疲惫的年轻人来到深山古刹前询问高僧："我分不清楚，到底什么时候应该执着，什么时候应该放弃。所以我经常陷入犹豫不决的状态，矛盾又纠结，因此常常做错事情，并且后悔。我再也不想后悔了，我要出家！”

高僧说：“这里不是避难之所，这里是静修之地。你抱着这样的心态来，只能说你尘缘未了。”

于是年轻人向高僧询问，希望高僧能够指点迷津。

高僧带着他来到寺庙后面的花园里，他指着一只蜘蛛说：“这是什么？”

年轻人回答：“这是蜘蛛啊！”

高僧说：“去把它的网捣破。”

年轻人小心翼翼地用手指划破蜘蛛网。蜘蛛见网动，迅速逃开。但是没多久，蜘蛛又跑回来把网重新补上。

年轻人听了高僧的吩咐，再次捣破网，可是没多久，蜘蛛又给补上了。

高僧问：“你现在明白了吗？”

年轻人说：“我知道什么叫执着了。可是，什么时候应该放弃呢？”

高僧这次指着屋檐下的一个燕子窝说：“你看这个是什么？”

年轻人说：“是个燕子窝。”

高僧问：“如果这燕子窝垒得不是地方，并且影响了人类的出行，人们就会捣坏燕子窝吧？这样的话，燕子该怎么做？”

年轻人回答：“换个地方重新垒呗！”

高僧说："要是燕子一再坚持在这里垒窝，它永远不能有一个平安的家吧！"

年轻人突然明白了——只有放下执着，才能够彻底解脱。他告别了高僧，快乐地走了。

年轻人的步子一定很轻快，因为他获得了解脱。很多时候，想要得到解脱的方法，就是放下所谓的执着。

古代有个和尚，他听说附近村庄的村民遭受了强盗的劫持，想到平时村民对他的关照，他决定去解救村民。于是，他独自踏上通往强盗巢穴的路上，可是不幸的是，他被强盗捉住了。

强盗想砍他的头，和尚说："你们杀我可以，但是要让我吃饱吧？不然我死了没人祭拜我，我就成了孤魂野鬼。"

强盗想，反正你也活不成了，于是拿了很多鸡鸭鱼肉给他吃。和尚也不在意，统统吃光了。

强盗打心眼里高兴：我们这些强盗是坏人，可是你也不是什么好和尚。

吃完了，和尚又说："我现在不会变成饿死鬼了，但是死了还是没人祭拜。你们拿来纸墨，我要给自己写一篇祭文。"

强盗觉得这是一出好戏，于是顺着他的意思照办了。

和尚写完祭文说："好了，你们可以杀我了！"

结果强盗说："你这和尚有点意思，我们决定不杀你了。"

和尚顺着时机说："不杀我可以，但是要有条件。你们得做我的徒弟。"

结果，每个强盗都很欢喜地拜他为师，从此，村庄的灾难平息了。

这个和尚运用了一个很好的技巧——不执着。如果他死守戒律清规，抓着规则紧紧不放，那结果一定是第一个被杀掉。

正是因为对事物的执着，才妨碍了内心的清明和自在。常常是我们想要控制的东西，却控制了我们的生命。所以，当你学会放弃执着，不再那么全力抓住的时候，生命就开始流畅，心扉自然而然地敞开。

心灵悟语

解脱难吗？解脱不难！只要肯放下执着，就能获得解脱。一切都是浮云，当云变成一朵花，它很美好；当云变成一阵雨，也还不错。何必去计较，何必去纷扰，当你放下了执着，洒脱的心境自然就有了。

闲看庭前花开花落

“宠辱不惊，看庭前花开花落；去留无意，望天外云卷云舒。”短短22个字，便将人生之淡定自若刻画得淋漓尽致。

这样的人生，虽然人人都向往，然而红尘多姿，凡夫俗子有几个能禁得住这般诱惑？那些能放下世间诱惑，看淡名利的，皆是真英雄、真名士。

陶渊明堪称史上宁静淡泊第一人，他不为五斗米折腰，辞官归里，安贫乐贱，过着“躬耕自资”的生活。一处茅屋，一个酒壶，一栏秋菊，逍遥游于世外，“采菊东篱下，悠然见南山”，是何等的安闲自在。

这里没有官场倾轧，没有宦海沉浮，世间一切纷扰都在那秋菊、南山之外。友人、乡人来了，不管他是谁，只要家中有酒，就坐下来共饮一盏再说。话可以慢慢谈，酒可以慢慢喝。喝着喝着，喝醉了，就对客人说一声：“我喝醉了，想睡会儿了。你可以离开了。”

一切都是自然，都不需要应景。心里怎么想就怎么说，怎么想就怎么做，是何等的随心所欲。

后来，陶渊明家遭遇了火灾，“方宅十余亩，草屋八九间”的家没了。也不要紧，搬到一个新地方，重新开始生活。遇上丰年，舂米酿酒，宴请亲朋好友，将园中的瓜果蔬菜也分人一些，与人共享；遇上灾年，饿一饿肚子，忍一忍寒冷，困难的日子也就过去了。

有一个老农带了一壶酒，送到陶渊明家里，劝他说：“你出生在侯门世家，是个高雅之人，如今却衣衫褴褛，住的也是几间简陋的茅房，这不应该是你过的生活。古来历朝历代官场都有清有浊，我劝你还是复出当官吧。”

陶渊明把老农拉进家里一起喝酒，说道：“我怎么能违背自己的心意呢？违背自己的心意就是迷失了方向。我的心意已定，已经无法改变了。”一句话，婉言谢绝了老农的劝告。到了晚年，陶渊明的生活越来越贫困，常常不得已向友人借贷。然而，他固穷守节的志趣却老而益坚。他曾写诗说：“死去何所道，托体同山阿。”对死都能看得如此之淡，生之艰辛又有何惧呢？

比起陶渊明的宁静淡泊，李白自有一份与众不同的潇洒。

“君不见黄河之水天上来，奔流到海不复回。君不见高堂明镜悲白发，朝如青丝暮成雪。”人生苦短，如白驹过隙，倏然即逝。既然如此，为什么还要苦苦追求那些俗世名利呢？人的生命本来就是一场经过、一场体验，钟鼓馔玉皆不足贵，贵的是自己可以把握的当下，是那稍纵即逝的生命。

李白少时学剑求仙，二十几岁“仗剑去国，辞亲远游”。驾一叶扁舟，从此犹如一朵闲云，自由飘摇。他乘舟既至江陵，又到岳阳，后来又到了金陵、扬州等地，辗转于越中山水之间，访遍天下名山胜水，结交天下志士豪杰。

后来，李白因其非凡的才华受到唐玄宗赏识，在宫中当了官，供奉翰林，陪侍君王。然而，他放浪形骸的禀性却丝毫未改。

李白根本不把宫中的明规暗矩放在眼里，常常溜出皇宫，在长安街上饮酒徘徊；对待那些看不顺眼的权贵，不管他是王公贵族，还是名相宠臣，从来不会摧眉折腰。

有一次，唐玄宗和杨贵妃一起在后庭赏花，兴致正高时，遣人去找李白前来吟诗助兴。众人在长安城外一家酒馆找到了喝得酩酊大醉的李白，把他抬回了宫中。借着酒力，李白呼宦官高力士为他脱去皂靴，又唤杨贵妃为他研墨，这才动手创作。

试问，今人有几个能做出这样的豪举呢？

李白并不糊涂，他也知道得罪权贵的下场，在长安几年后被赐金放还便是他即将面临的命运。李白初来长安时，也怀着建功立业的雄心壮志，他也不想把事情搞砸，但一切都是天意，都由命定。在古代，君王是天子，就是百姓头顶的一片天。君王如果圣明，臣子的忠言建议自然会起到成效；君王如果昏聩，做臣子的再讨好他、讨好他身边的人也将无济于事。“人生得意须尽欢，莫使金樽空对月。”既然无法改变这个世界，无法功成名就，就把握自己，活好当下。骑一头白鹿，去青山绿水间漫游，寻求天地之精魂仙气，未尝不是另一种人生。

山水有情，草木有意。在大千世界，人和万物其实没有多少区别。区别的只是人心，因为万事万物原本就是人心对外在的一种感觉。在遇见一个人之前，你并不知道他的存在，你也不了解他的世界，他的喜怒哀乐都跟你没有关系。他其实是存在的，但对你来说，他又似乎不存在。那他究竟算存在还是不存在呢？

笛卡儿曾有一句名言：“我思故我在。”佛说：“心动，则万物动；心静，则万物静。”原来，万物都存在于人的心间，心原本是空的。于是，万物既源于空寂，又将归于空寂。

很多人不明白其中的道理，硬要辩解：“这万物怎么是空的呢？蛋糕和苹果都有味道，房子和桌子都有形状，它们明明存在啊！”这样问的人估计没有想过：蛋糕和苹果从何而来？房子和桌子从何而来？这些东西又将去到哪里？

过去有七个比丘，去深山里修行，希望能够永远摆脱烦恼，去到传说中的极乐世界。这七个人在山洞里苦修了整整二十年，还是没有修得正果。其中有一个比丘忍受不了整日在山洞里修行的清苦，开始抱怨："修了二十年还修不得正果，看来我们没有慧根，不如还俗去呢。"

另一个附和道："是啊，去了俗世至少还有田种，还可以盖一所房子，娶妻生子。有的吃，有的住，身边又有人陪，难道不是很好吗？"

这两个比丘的提议得到了另外五个人的认同。于是，修行了二十年的七个比丘决定重返俗世去生活。一天，这七个人行至谷口，遇见了一个沙门。

沙门问他们："你们在这里修炼了几年了？现在是要去哪里呢？"

比丘说："我们在这里修炼得太苦了，整整二十年还是没有修得正果。与其在山中老死，不如还俗去创造一番功业，等年老了再上山修行。"

沙门微笑着说："那么，你们以为修了的房子永远都会存在于那里，有了妻儿之后他们就会永远陪伴着你，创下的家业也能昌盛千秋万代吗？人生无常，一切都变幻不息。俗世万物和心中的念想都是烦恼的根源。放下它们，才能修得正果，拥有真正的快乐啊！”

几个比丘听了，这才顿悟，重回山中修行，最终修得了正果。

如果一个人想要获得内心的安宁与平静，就需要懂得修行，懂得清空自己的内心。克制内心的欲望，把心清空，视万物如那庭前之花、天上之云，闲看花开花谢、云卷云舒，你也可以得之不喜、失之不忧、去留无意、旷达风流。

心灵悟语

世人常因诱惑生贪念，因贪念生追求，因追求生得失，因得失生出数不尽的悲喜忧愁。其实，万物皆不过是心中的一场幻影。那名利得失，就是心中的一朵花；那悲喜忧愁，就是心中的一朵云。心中之物源自空，最终又将瞬息幻灭，归于空寂。你我何必为之喜、为之悲呢？

当欲望在膨胀的时候

每个人都有欲望，小的时候渴望早点长大，穿着爸妈的衣服到处乱逛；长大之后想要早点赚钱，拿着钞票买下所有想买的东西；有了钱又觉得不够，还想要创出自己的事业，走出自己的路。伴随着每一个进步的，是我们呼之欲出不断膨胀的欲望。

当欲望在膨胀的时候，压制很难，也不能斩草除根。那么，就让我们在这种时候控制好自己的欲望，不要太过任性，不要胡搅蛮缠，不要猜忌，不要争吵……静下心来，摆脱枷锁。多一些忍耐，修身养性。

在泰国曼谷的西郊有一座古老的寺庙，这个寺庙因为远离市区，所以这里的香火一直不旺。

寺庙里原来的住持圆寂之后，索提那克法师来到这个寺庙做了新的住持。刚来到这里的时候，他每天都绕着寺庙周围不停地走、不停地观察，他发现寺庙周围的小山坡上到处都长着翠绿的灌木。这些灌木都是原生态生长，灌木的形态各异，看上去随心所欲，杂乱无章。索提那克找来一把花匠修剪用的剪子，不时去修剪离寺庙最近的灌木。一晃眼半年过去了，那棵灌木被修剪成一个半球形状。

时间长了，寺庙里面的僧侣们看着这棵被修剪的灌木，却不知这位新住持意欲何为。大家觉得奇怪都去问这位新住持，可是索提那克法师却笑了笑而不回答。

有一天，寺庙里来了一个陌生人。这个人衣衫光鲜，气宇轩昂。住持和他寒暄了几句，并且端上来一杯清茶。随后对方说自己路过此地，汽车熄火了，司机正在修车，他闲来无事碰巧看见了寺庙，所以进来看看。

住持陪着这位客人在寺庙里四处转悠。途中，客人向住持请教了一个问题："怎样才能消除掉自己心中的贪欲？"

主持微微笑了笑，转身进了屋子拿出那把花匠剪刀，对客人说："施主，请随我来！"

住持带着这位客人来到寺庙外的小山坡。客人看到了那满山翠绿的灌木，也看到了住持修剪过的那棵。

住持把剪刀交给了这位客人，接着说道："您只要能经常像我这样反复修剪一棵树，您的贪欲自然就会消除。"

这位客人半信半疑地接过剪刀，走向一丛灌木，咔嚓咔嚓地剪了起来。

一壶茶的时间，住持问这位客人感觉如何。客人笑笑："感觉身体倒是轻松了许多，可是堵塞心头的贪欲好像并没有消除。"

住持颔首说道："刚开始剪的时候就是这样的。你以后经常修剪，自然就好了。"

这位客人走的时候，跟住持约定半个月后会再来。

住持并不知道，这位客人是曼谷最大的娱乐大亨，近来他遇到了前所未有的生意上的困难。

半个月后，这位客人来了；一个月后，这位客人又来了……三个月过去了，这位客人已经将那棵灌木修剪成了一只已经看得见雏形的鸟。住持问这位客人，现在是否懂得如何消除贪欲。客人满脸惭愧地回答说："可能是我天生愚钝，每次修剪的时候，能够气定神闲，心无杂念。可是，从您这里离开后，再次回到我的圈子以后，我的所有贪欲依旧冒出来了。"

住持笑而不言。

不久之后当这位客人的鸟完全成型之后，索提那克法师又向他问了之前同样的问题，而这位客人的回答呢？回答依旧是之前的话。这次，法师对客人说："施主，知道为什么当初我建议你来修剪灌木吗？因为我希望你每次修剪前，都能发现剪去的部分又会重新长出来。这就好比我们的贪欲，不要妄想能完全消除。我们能做的，只是尽力把它修剪得更加美观。如果我们放任欲望，它就会像这小山坡上的灌木一样杂乱无章地生长。如果我们经常去修剪它，那它就能成为一道悦目的风景。对于名利，只要取之有度，用之有道，利己惠人，这样它就不被看作是心灵的枷锁。”客人这时候恍然大悟。

原来在欲望膨胀的时候，如果控制不住，最好的方式就是将其修剪，让它更加美观。

心灵悟语

欲望就像疯狂的野草，也许无法根除，却可以用除草机每天剪一遍。在这样的过程中，用忍让、包容、感恩去回馈这个世界，多点时间培养自己，多点时间关心朋友和家人，让自己安静下来，做个淡然的人，多么美好！

人心自足，自然简单

人活得之所以累，那是因为心累。没有人能够一帆风顺，可是有人为了想要一帆风顺而不停地“奋斗”，相比起那些学会知足、懂得随遇而安的人，他们的幸福指数永远提不上来。为什么？因为他们用太多的脂粉去涂抹自己。人生又不是演戏，戴上“面具”，必然会累。

人只能活一次，你是选择去折腾，还是去磨炼，还是去乐享？折腾，难免会心累。磨炼，却不能一直进行。乐享，才能活得快乐和洒脱。人活一世，多爱自己一些，有谁会觉得这话不是实话呢？不要活得太累，有多大能量，就做多少成绩。有自知之明，才能获得快乐。

某电视台播出了一档节目，其中有一个环节就是数钞票。除了这个节目之外，还有其他几个娱乐节目，每个节目都要有若干名观众参加，获胜者最后得3000元奖金。而这个“数钞”节目的游戏规则很特别，先由主持人拿出一大沓钞票，在这叠钞票里面，有大小不一的各类币种，杂乱重叠着，然后由现场选拔的四名观众进行点钞比赛，在规定的三分钟内。看这四名参赛的观众中，谁数得最多，又最准确，那么，刚刚数得的现金他就可以拿走。

游戏规则一经发布，顿时引起全场轰动。观众都在纷纷议论：这么长时间里，不说几万，至少几千应该数得过来吧。这简直是天上掉馅饼，把人刺激得不行。

口哨声落，游戏便开始了，四位选出来的人开始埋头卖力地数起了钞票。当然，在这三分钟内，主持人还会拿起话筒，轮流给参赛者提智力问答题，以此打断他们的正常思路，而且还规定，答对题目的人才能接着往下数。没过多久时间就到了，四位参赛观众手里各拿了不同数目的钞票。主持人拿出一支笔，让他们写出刚才所数钞票的金额。

这时候参赛者开始报数。第一位，2243 元。第二位，3333 元。第三位，4343 元。而第四位，只数出了可怜的区区500 元。四位观众所数钞票的数目，相距甚远。观众都不理解，第四位观众为什么会数得那么少呢？

这时，主持人开始当场验证刚才参赛者所数钞票数目的准确性。在众目睽睽之下，主持人把四名参赛观众所数的钞票重数了一遍，正确的结果分别是：2273、3390、3433、500。

前三名数得多的参赛观众，不是多计了100元，就是少计了10元或者20元，距离正确数目相差无几。只有数得最少的第四位参赛者完全正确。按游戏规则，也只有第四位观众才能获得500元奖金，而其他三位参赛观众，和奖金擦肩而过。

看到这样意外的结果，观众先是沉默了一会儿，继而爆发出热烈的掌声。此时，主持人拿出话筒，道出一个秘密：这个节目自开办以来，在这个游戏中，没有一个参赛者的奖金超过1000元。

这时候所有的观众恍然大悟。最后主持人说出了开办这个游戏的原因："聪明地放弃，其实就是人生的一种策略，这也是人生的一种大智慧啊。"

该放弃的时候就要放弃，这样才能活得不那么累。这何尝不是一场人生的直播呢？

心灵悟语

对于有钱有势的人，没必要阿谀奉承；对于简单朴实的人，没必要冷眼鄙视。获得朴素，自然活得坦坦荡荡，这就是舒心的秘籍。有了这份舒心，就是快乐，就能活得洒脱。以平常心、美好心情来迎接每一天，生活肯定会充满阳光，洋溢希望。

慢一点，做生活浪潮里的“慢行侠”

这是一个讲求速度“快”的时代。吃饭有快餐，出门有汽车，爬山有电缆，旅行有飞机……这一切新事物的出现都只为满足我们对“快”的追求。但是，这些稍纵即逝的“快”也使我们的心渐渐麻木，渐渐失去对当下的感知力。

张勇大学毕业后就去做了业务员，因为工作努力、业绩突出，职位也一路飙升，五年的时间已经做到了销售总监的位置。可是五年来，张勇的生活充斥着合同、客户、开会、加班以及各种工作上的大事小事。

张勇已经不记得上次和朋友们一起开怀聚会是什么时候，上次和家人一起温馨地吃饭是什么时候，上次看电影是什么时候……

虽然张勇拼命努力，但薪水增加的速度似乎永远赶不上物价与消费的增长速度：房价在涨，油价在涨，一切的日常用品也在涨……尽管如此，他还是被所谓现代的物质标准牵引着，希望自己能过上更好的生活。所以，他只能快马加鞭，更加忙碌地追赶生活。

张勇怕自己一停下脚步就会被别人甩在身后，甚至连迟疑一下就会比别人慢半拍。他顾不得亲情、友情、爱情，也顾不得享受自己以健康和幸福为代价换来的房子、车子，更谈不上照顾自己的身体和心情。他只知道要埋头赶路，一路往前走，不能有半点逗留。

一天晚上，张勇陪客户一起吃饭，吃完饭后已经很晚了。因为喝了些酒，张勇无法自己开车，但是等了半天也没有叫到一辆出租车。无奈张勇慢慢地往前走，希望在前面能够拦到一辆车。走得有些累了，风吹过，酒劲也上来了，张勇觉得有点头晕，他索性在公交站台的椅子上坐了下来。疲倦随着微风而来，他懒散地向着身后的广告牌靠去。

这时，张勇惊喜地发现，一轮新月斜斜地挂在半空中，他想起了大学毕业的时候，几个好朋友一起躺在操场的草地上看着天边的月亮畅想未来，空气中满是兴奋、快乐的味道。从那之后，张勇好像再也没有抬头看过夜晚的天空，他一直低着头赶路，忙碌和疲惫使他从没想过要抬头看看头顶的天空。

生活中，像张勇这样的人有很多。他们一路匆匆忙忙走来，拼命地向前，每天都像陀螺一般转啊转，似乎总有那么一根鞭子在抽打着他，让他永远都停不下来。这根鞭子就是人心中的欲望。

生命就像一列不断向前行驶的火车，它终有终点。你完全可以选择一列慢一点的车，在清晰的“哐当”声中体验生命的流逝，看着前方的景物缓缓地向你移动而来，直到慢慢消失在你的视野中。而如果选择一辆动车，甚至是飞机，或许还没看清眼前的风景是什么它就已经成为过去。到达终点时，试图回忆一下一路的风景及心情，就会发现自己寻不到太多清晰的痕迹。因为太“快”了，还未等看清眼前的风景，风景已经远去。而这样的速度恰恰就是我们现在生活的状态。

和旅行不同的是，旅行有终点也有回程，但是人生没有。坐上了人生这趟列车，人就只能一路往前走，终点也就意味着永远的结束。所以，何必那么着急呢？不妨选择一列慢一点的列车，安静地享受一下路上的风景。

有一个人性子非常急，他总想知道自己的未来是什么样子，自己的一生将会怎样度过，为此他每天都向上帝祈祷，希望上帝能让他的时间走得快一些。

终于有一天，上帝回应了他的祈祷。上帝说，只要他能够完成一项任务就答应他的请求。他非常高兴地答应了。原来，上帝交给他的任务是让他牵着一只蜗牛去山边散步。

他觉得这个任务实在太简单了，很快就牵着一只蜗牛出发了。刚走几步，他就发现蜗牛爬得实在是太慢了，尽管他不停地催，甚至用各种办法来威胁它，可是蜗牛依旧慢腾腾地向前爬着。

这个人十分着急，不由得硬拉着蜗牛快速地往前走，结果一不小心蜗牛撞上了一块石头，受伤了，这下它爬得更慢了。他真想丢下蜗牛自己去散步，但是又怕这样上帝会不答应他之前的请求，只好耐着性子牵着蜗牛慢慢地往前走。

走着，走着，他听见了水流哗哗的声音。他不由得抬头向远处看去，只见一条小溪正缓缓地向前流去。他想，反正蜗牛爬得这么慢，干脆去小溪边散步，也更凉快一点。

于是，他牵着蜗牛来到了小溪边。他惊讶地发现溪水中有一群蝌蚪正在愉快地游来游去，还有一些鱼不时地吐着泡泡……

他边牵着蜗牛慢慢地往前走，边享受着身边的风景，这才体会到上帝的良苦用心：原来上帝让我牵着蜗牛散步是想提醒我人生中还有许多美景，如果只顾着追赶结局，就会错过很多美好的东西。

很多时候，生命中并不是缺少风景，而是我们的步履太过匆匆，不懂得欣赏。有时候，公交车上一个让座的场景，路边一朵盛开的鲜花，同事的一个微笑，都是最动人的风景。

成龙曾感慨："我的演艺事业是成功了，但是错过了许多的人生季节，别人有四季，而我也许只有炎热的夏天，我看不到春天的嫩芽、秋天的红叶以及冬天的白雪……"实现人生的目标固然让人快乐，但是，沿途的风景同样不容错过。错过了沿途风景，就收获不到过程的美丽，这样的生命只能是索然无趣的。

慢下来，享受当下的风景，享受愉悦的生命。慢下来，让生活变得简单而悠闲，你会发现生命的意义因此而不同。

心灵悟语

慢下来，烹饪一顿美食，然后细嚼慢咽享受舌尖的滋味；慢下来，在一个闲适的下午，安静而舒坦地休憩；慢下来，在山水云雾之间，寻一份自在轻松！慢下来，才能发现隐藏在生活背后的乐趣和幸福。

第四章 专注一件事情、一个方向

心有所定，只是因为目标明确

茫茫人海中，我们以什么样的状态行走其间很重要。首先要明确我们正朝着什么方向走，只有目标正确，才有可能走上正确的人生之路。每个人的人生都需要不断的小目标和大目标，就像茫茫大海上的灯塔，终究会指引着我们靠岸。

有句话说："世界会为那些有目标和远见的人让路。"只有那些一生都在为某个目标而奋斗的人才是美丽的，而回首往事的时候，每个人也会记住自己曾经最努力的样子。曾经有一项举世闻名的调查也表明了目标对一个人的重要性。

这是来自哈佛大学的一项跟踪调查，调查对象是一群各方面条件差不多的年轻人，通过他们来判断目标对人生到底有怎样的影响。

结果表明：3%的被调查者有清晰且长远的目标，10%的被调查者有清晰但比较短期的目标，60%的被调查者目标模糊，27%的被调查者没有目标。

在25年之后，研究者再次找到这些被调查者，结果发现：在25年的时间里，占3%的被调查者几乎都不曾更改自己的人生目标，他们怀揣自己的梦想，朝一个方向不懈地努力着，而这些人几乎都成了社会各界顶尖的成功人士；10%有清晰短期目标的被调查者大都生活在社会的中上层，他们的那些短期目标不断达成，自己也成为各个领域中不可或缺的专业人才；60%目标模糊的被调查者大都生活在社会的中下层，他们可以安稳地生活，但一般没有什么特殊的才能和成绩；另外27%没有目标的被调查者，他们几乎都在社会的最底层挣扎且经常失业，靠救济生活，毫无幸福感可言。

所以，目标对一个人的人生是多么重要，明确了目标以后，生活才能有进取向上的意义；为了能够实现梦想，我们才能有走向更好生活的勇气和决心。为了让我们的人生变得更加卓越，我们必须尽量给自己一个明确的目标，同时朝那个目标不断地努力，认真地去完成它。

琼斯从小生活在一片森林附近，她从小就对那片森林充满了向往之情，她渴望去探险，到森林深处探索未知的东西，那些遥远的地方和未知之路似乎在冥冥中向她发出呼唤。一种奇异的力量，让她从小就立志想当一个敢于挑战的人，想做一个探险家。为了完成这一人生的大目标，她在15岁时便制订完成了具体计划。

琼斯将自己成为探险家应该做的事列在一张单子上，总共有130件。它们包括5分钟跑完1600米，在海中潜水，探险尼罗河，攀登珠穆朗玛峰，研究苏丹的原始部落，环游世界一周……

在琼斯中年时，她已经是当时世界上还活着的最著名的探险家之一了。她永远忘不了自己小时候坚定如一的样子，她也如愿以偿地完成了自己的人生目标，并且准备向更高的目标迈进。

目标对一个人很重要，但完成目标的过程更加举足轻重。我们不仅要有目标，更要像琼斯一样竭尽全力地去完成它，这样我们的人生才可能是成功的，否则所有的目标只是空谈，毫无意义。

心灵悟语

歌德说："生命里最重要的事情是要有个远大的目标，并借才能与坚毅来实现它。"没有哪一个成功者是空洞的梦想者，是沉迷于自我幻想的未来中无法自拔的人。他们多会凭借有目标的梦想让自我处于不满足当中，在一个个的不满足中奋力拼搏，最后终于实现了自己的梦想。

专注力不难，从态度做起

对待一件事情的专注态度，比这件事情本身可能还要重要。虽然我们每天的生活也许乏善可陈，在工作和一些烦恼中循环往复，但是认真的态度和专注力的提升，会让我们获得一个新的对事物的认知，以及必要的技能或经验，从而得以自我改善，变得能够更好地体会自己的人生。

当沉下心来，把自己整个儿地放在一件事情上的时候，其中的快乐是不言而喻的。专注力的训练，对高效地完成一件事情有很好的作用。当敬业成为我们的一种习惯时，它不仅能让我们原本枯燥的工作变得快乐，还能给我们平凡的人生带来非凡的成就。

郑阳原本只是一家化工厂的速记员，他在一位懒惰的办公室主任手下工作。主任认为郑阳是一个好说话、可以任意驱使的员工，于是就将自己的大部分工作推给他去做。

因此，郑阳的工作量越来越大，但是他却从来没有埋怨过，他觉得这正是对自己的一种磨炼，也因此从中学到了很多知识，获得了大量的工作经验。一天，懒惰的主任又把自己的工作丢给郑阳，他让郑阳帮他编写一本董事长前往欧洲时的密码电报。

这对于一个普通的速记员来说并不是一件容易的事，但是他并没有拒绝，也没有随便编几页纸应付了事，而是将密码编写成一本小册子，将使用方法清楚地打印出来，装订整齐。当这本小册子被主任送到董事长那里去的时候，董事长一眼就看出这并不是懒惰的主任能做出来的工作。“这应该不是你做的吧？”董事长问。

“不……是……”主任心虚地回答。

“把做这件事的人叫到我这里来。”董事长命令道。

郑阳被叫到了董事长的办公室，董事长问：“这个小册子是你做的？你为什么要把它做成这个样子呢？”

“我觉得这样您使用起来可以更方便一些。”郑阳回答。

而几天之后，郑阳便取代了原来的主任，一段时间之后，他便被升任为这家化工厂的厂长。

正是因为郑阳对工作认真负责的态度，让董事长认识到了他的敬业。当他全心全意地投入自己工作的时候，工作也给了他应有的回报。正如所罗门所言：“一个对本职工作兢兢业业、勤勤恳恳的人必然富甲天下。”人生有时候就是这样一个简单的道理，你专注于什么，什么就会给予你同样的回报，而不会在烦乱的钩心斗角中丧失了生活原本该有的简单。

而且当怀着敬业的态度专注于自己所做的事情时，眼睛里就不会只是眼前的一份单纯的工作，而是一个更广阔的格局，是梦想的雏形，更是人生简单、执着的力量。

有这样一个故事，故事中有三个人正在盖一座教堂。有人问他们三个：“你们在做什么？”第一个工人回答：“砌墙。”第二个工人回答：“我做的是每小时90美元工资的工作。”而第三个工人却快乐地回答：“我正在建造世界上最伟大的教堂！”

我们可以想象一下这三个工人未来的际遇，砌墙的工人也许一辈子只能做一个泥瓦匠，为工资而工作的工人也许要一辈子为生计奔忙，而为梦想而工作的工人为了理想一定非同凡响。因为有梦想的人具备敬业精神，而唯有敬业的人才能从自己的工作中得到乐趣，得到自己想要的东西。如果我们热爱工作，能够全心全意地投入，那么原本令人讨厌的艰苦工作就能变成推动、丰富和完善我们生活的神奇工具。

不论是作为一个背负家庭职责的长辈，还是作为一个具有社会身份的员工，只有树立了专注且专一的态度，才能在人生的每一个阶段走得顺畅，不遗余力地在自己的领域上拼一回，既是对个人梦想的尊重，也是对别人信任的一个回应。因此，请怀着专注又专一的心好好地耕耘你的人生吧，千万不要让它荒废掉！

心灵悟语

工作不仅是一种谋生手段，更是显示自己能力的一种途径，也是获知自我可能性的方式，需要我们从心底去重视它、喜欢它，甚至热爱它。生活可以很简单，认真做好一件事情，哪怕是一件小事情，也会拓宽自己的阅历，让人生之路变得通畅起来。当敬业成为我们的习惯，便会发现人生再怎样艰难，也敌不过“认真”二字。

简单，就是专心做好自己的事

生活中，我们经常会犯一个错误，就是总有对比，总有不平，这山望着那山高。殊不知，这样的人往往生活得很累，甚至会一事无成。因为向往更大的成功、更高的目标的前提是先做好自己应该做的事。唯有如此，人生才能从容地走向未来。

人生没有捷径，要想取得辉煌的成就，不是一味向往、仰望就能够梦想成真。唯一实现的途径就是脚踏实地，不管工作还是生活，先做好自己分内的事。当你将每一件自己分内的事都做到尽善尽美，他人自然会看到你的能力，肯定你的才华，而你所渴望的成功也会是水到渠成的事情。小事情的积累，对自己的训练，才是大成功的前提。否则，人生只能是望洋兴叹，而不会真正获得。

树仁出生在一个普通的工人家庭，但他有着鸿鹄之志。他说，他要做一个像乔布斯一样的伟人，虽然他既没有显赫的家庭背景也没有什么突出的天赋，但他相信自己可以走出一条属于自己的路，成就属于自己的人生。

树仁本来在一家中型企业的销售部任职，由于企业规模不大，业务难度也不大，他可以很好地应对，在各种人事关系中、客户维护上做得游刃有余。但他心里始终都觉得自己应该在更好的平台上发挥作用，在这样一家小公司工作会埋没自己的才华。于是，当他看到一家世界500强公司的招聘启事后，果断地辞掉了工作去应聘。

因为有在中型企业的工作经验，他顺利地进入了这家世界500强公司的业务部任职，并且很满意公司为他设定的发展路线：业务员——业务主管——业务部经理——分公司管理高层——创业或者成为分公司CEO（首席执行官）。

很快，树仁对自己的日常工作事务已经非常熟悉，这时，他想或许应该为成为业务主管而做出努力了。但因为他学得不是管理相关的专业，而新的职位是应该学习管理的，于是他又开始琢磨，并觉得自己有必要报个管理培训班学习一下。就这样他开始劲头十足地学起了管理。然而，因为要花费时间和精力学习，所以他的工作自然就落下了，联系客户的频率开始变低，对新客户的开发也渐渐疏于开发，甚至连每月必交的业务报告也是用原来的业务报告稍加修改交差了事。

终于过了一段时间，公司空出了一个业务主管的职位，会在员工中做出选择。树仁认为自己的机会来了，心里似乎都已经准备好了一旦胜任以后准备要做的事情，甚至怎么样发表自己的升职感言。然而事实是，这个业务主管的职位给了另外一位同事。树仁心里有些不服气，他去找上司要答案，上司只告诉了他一句话：“很简单，他业务能力优秀，知道孰重孰轻，眼下的事情都做得很好，所以同事们也支持他。”听了上司的这番话，树仁猛然意识到，自己光顾着学管理，眼光一直望向更远的地方，而忽略了脚下，忽略了对人脉的维护。于是他开始在学管理的同时努力笼络人脉。

但这一次又让他大跌眼镜，几个月后，他收到了公司人事部的解聘通知，理由是他的业绩差，客户满意度低。

因为树仁一直把自己当下的生活真正的重心抛在一边，而把时间精力放在了别处。虽然他有着巨大的雄心，渴望在新公司大展拳脚，但最终却被解聘落得个一事无成，究其原因与他忽视自己眼下的分内工作、不踏踏实实地踩好脚下的路分不开。试想，如果他能够在原来的中型企业努力工作，创造非凡业绩，为自己树立业内的好口碑，那么他很可能被更好的公司以高薪、高职位挖走，而不是从业务员做起。如果他能够在新公司脚踏实地地做好自己的分内工作，努力让自己的业绩名列前茅，那么或许他不懂管理不能顺利升任主管，但至少可以成为上司眼中的晋升候选人，而不是因为工作表现不合格被解聘。试问，有谁会认为一个连自己的分内事都做不好的人是优秀的呢?

内心虽有鸿鹄之志，但如果好高骛远，连当下的分内事都做不好的话，是获得不了简单的生活的，反而生活还会因此而一团糟。所以，人生道路是一个脚印一个脚印地踏出来的。企图跳过自己的分内事直接去实现，往往会摔得很惨。只有先做好自己当前的事才能得到他人的肯定和认可，才能有所成就。

娜娜是总经理众多秘书中的一个，一直踏实本分，每天都很尽职尽责地做着自己的事情，话也不多，很不起眼。有一天总经理又给秘书们安排了工作，娜娜的工作是整理公司新产品的宣传资料。看着琳琅满目的新产品，她想就这样简单地将新产品及其相关信息罗列一通给客户看，如果她是客户一定会觉得非常头大，更别说会激起购买的欲望了。于是娜娜对自己说，既然是自己的工作，就一定要做好，一定要整理出让客户一目了然、赏心悦目的宣传资料。她首先将产品按套系及性质进行了分门别类，又在每一大类下按功能分出了许多子类别，并把规格型号、名称、价格等相关信息都标注在产品图片的旁边以备客户参考。接着她又将这份书面资料制作成了PPT，这样一来，虽然产品多达上千种，但客户依然可以轻松地找到并了解自己需要的产品。

当总经理查看这份宣传资料的时候，不禁大加赞赏，并由此对娜娜有了新的了解——原来一个人对工作认真的态度、工作的能力是可以改变别人对这个人的看法的，娜娜的工作态度十分让人赞赏，是个让人放心的女孩。从此，总经理变得非常信任她，常将那些很重要的工作交给她来做。而娜娜仍然是尽全力将自己的工作做到尽善尽美。就这样，不久以后她就升任总经理助理了。

其实关注眼下的事情，专注地做好每一件小事，是很简单的一件事情。首先，我们要明确所谓眼前的事，分内的事，指的是自己所在其位应该做的那些事。接着，要将这些事情用一种认真的态度去做，并要引起足够的重视，要将之视为我们必须按时保质保量完成的头等事务。同时，在做这些事的过程中，我们还要善于思考，只有善于思考才能将分内事做得尽可能完美。

心灵悟语

获得一种简单的生活，有时只需要关注眼前事、眼前人即可。专注于自己的事情，脚踏实地地完成自己该完成的事情，就是向前迈进了一大步，才能成为他人眼中值得信任的人，才能为自己迎来成功的机会。

专注是一条捷径

乔布斯说：“专注和简单一直是我的秘诀之一。简单可能比复杂更难做到：你必须努力理清思路，从而使其变得简单。但最终这是值得的，因为一旦你做到了，便可以创造奇迹。”成功没有近路可走，只能依靠一步一个脚印的努力来达成。但如果我们可以“专注”于一件事情，成功必定会更容易到达你身边。

我们小时候就听过小猫钓鱼的故事，专心钓鱼的小猫妈妈很快就能钓到鱼，可是一会儿抓蝴蝶，一会儿看青蛙的小猫就钓不到。同样的，在生活中一样如此，你投入的精力越多，你得到的收获就越大。

人的思想是了不起的，只要专注于某一项事业，就一定会做出使自己感到吃惊的成绩来。有一个孩子得了自闭症，他性情暴躁，一个人活在自己的世界里，情绪激动时会胡乱哭闹，他会把放在手边的东西全都扯碎或者砸坏，几乎没人能让他安静下来，父母也常常因此不耐烦。

6岁的时候，这个孩子仍然不说话，他甚至无法正常地读出一个单词，在人们的冷眼下，他越来越害怕看见生人。对这种情况，医生也很无奈地说："他得了自闭症，我们没有办法。"无奈之下，父母将孩子送到了康复中心，希望在那里他能渐渐好转，可是在那家儿童教养中心里，他常常忽然在课堂上尖声大叫，一再使身边的其他儿童受到惊吓，就算不叫的时候，他也总是抓起又丢掉手边的玩具，一刻也不安静，因此老师们也都无可奈何，都认为他已经无可救药了。

忽然有一天，这个孩子在地上捡到了一支彩笔，然后就在地上画了一条线，他十分投入地画着，一条、两条、三条……这种投入的样子并没有被打扰，因为没人注意到他的这一举动，当他第二天继续画的时候，一位老师发现了，他很惊讶地喊道："天啊，你们看，他竟然在画画！"虽然这些线条根本不能算是画，只能算是一个个或圆或方的图案，但是比起这孩子以前的哭闹行为，能有一件东西可以让他安静下来已经是一个令人惊讶的改变了。于是老师为他铺了几张白纸，又给了他几支不同颜色的彩笔，让他继续画画。

从此以后这孩子每天都拿着自己的彩笔一刻不停地画着，除了睡觉以外，他几乎所有的时间都在画画。没人指导他，也没人纠正他，他就这样沉浸在自己的绘画世界里。

10 年以后，他的画在拍卖会上意外地卖出了不错的价钱，而且得到了很多画家的好评，而这个苏格兰智障孩子的名字——理查 · 范辅乐也很快就家喻户晓，他的作品几年间卖出了上千幅，每幅的价格都在 2000 美元左右。当人们感叹一个有着自闭症的孩子竟然有着这样的绘画天赋时，总是忘记了事情的另一面：在这个孩子的眼睛里，从来都没有别的东西，他把全部的心和专注力都放在了自己手中的彩笔和白纸上，即使在他吃饭睡觉的时候，也从不放下。生活中谁能做到这样呢？成就这位家喻户晓的艺术家的正是这样一份专注和单纯，想想过去，有时是不是因为背负着太多的东西，思前想后考虑太多，而从来没有真正单纯地生活过，或者我们总是看得太多，但是好像对每个东西都没有真正看清楚。

而且有时候，对梦想的执着和专注，会让我们成为那个想成为的人。正是因为对自己想做的事情的专注努力才让梦想的实现那样刻骨铭心。布罗迪是一名英国教师，有一年，当他整理自己的旧物时，发现了一箱皮特 · 金幼儿园 B（2）班的练习册，上面都是这个班孩子们的作文，作文题目是：未来我是……布罗迪以为这些东西早在战争时期就被毁掉了，没想到还留了一箱，而且距离现在已经有 50 年了。

闲来无事的布罗迪随手翻开了这些作文，很快就被里面孩子们所表达出的奇思妙想吸引了。有个孩子说同学们只能背出六七个法国城市的名字，而自己能背出25个，所以自己肯定会是法国总统；还有个孩子说自己有一次游泳的时候不小心游得太远，最后足足喝了两升海水，可是最后却安全回到了岸边，所以他会成为一名海军；还有一个眼睛盲了的孩子，名叫戴维，他在作文里说英国历史上还没有一个盲人进入过内阁，所以自己一定要当英国的内阁大臣……

孩子们对自己未来的期望各不相同，千奇百怪，有的要当驯兽师，有的要当探险者，还有的竟然想当王妃。读着这些作文的布罗迪心中忽然产生了一个想法：何不把这些作文寄给它们的主人，让他们看看自己50年前的梦想是什么呢？于是，布罗迪在当地的一家报纸上发布了一则启事，接下来的几天中，书信从各地纷纷涌来，写信的人有的是成功的商人或者学者，有的是政府官员，当然，大多数只是平凡的普通人，他们都表示希望得到自己当年的作文本，看看自己50年前的愿望是什么。布罗迪就按照来信的地址，把那些练习册一一寄了出去。

一年以后，布罗迪身边只剩下一个练习册没人索要，那就是盲人孩子戴维的那本，布罗迪心想：戴维也许已经去世了，也许他并不关心自己儿时的梦想。就在他准备把最后的这本练习册束之高阁的时候，内阁大臣布伦克特写来了一封信，信中说：“谢谢您这么多年来还为我们保存着自己幼时的梦想，我叫戴维，不过我并不需要那本练习册，因为从写下那篇作文的那天起，我的梦想就一直在心里珍藏着，从来没有淡忘过。现在，50年后，我已经实现了当初的梦想，而且我还想告诉其他同学：不要让岁月流逝带走你的梦想，那么成功就会走到你面前。”

这封来自英国第一位盲人大臣布伦克特的信后来在《太阳报》上发表了出来，他也用自己的亲身经历向人们证明：能把孩童时的梦想坚持50年的人，就一定会成功。种下一颗梦想的种子并不难，难的是几十年如一日，日日专心地浇灌和呵护，只有始终坚定不改的初心，才能种出茂盛的梦想之树，收获愿望的甜美果实。

心灵悟语

有句老话说：贪多嚼不烂。人生处处都是目标，就是哪都没有目标。没有人可以去评判他人的生活，而只能为自己做出判断。当一个人能够如此单纯，如此觉醒，如此专注于当下，毫无疑虑地走过这个世界，生命便会是一件赏心乐事。

做好“时间管理”的功课

成功不是马上发生的——它需要付出努力。不管计划如何完美，你都需要自律，以便将你的计划付诸行动。成功人士掌控自己的生活。事情一旦做错，他们就承担责任，而一旦事情做成了，他们也接受功劳。他们学会如何做一些必要的改变和摆脱恶习。他们也学会批判地思考，做出正确的决定，并运用这些技能来管理时间和金钱。

所以管理好自己的时间，才能在高度的专注力之下做好事情，才能在最精确的时间内完成高效的事情，生活才会收获精彩。生活越忙乱，管理好时间就成了专注做成一件事所必需的保证。几乎每个成功学大师都无法避免“时间管理”这个话题，市面上光以“时间管理”为书名的书就不下二十本，其中咨询大师博恩·崔西的《时间力》最值得关注。

时间力就是管理时间的能力，职场中人可以从“整理办公桌”“规划工作间”“处理文件”等工作细节体现时间力。

博恩·崔西提出“集中”策略，要求我们集中时间处理一个任务，直到该任务完成为止。“一时一事”和“集中”是管理时间的有效方法。我们都知道，工作效率高的人有集中能量的好习惯。博恩·崔西认为，完成工作最有效的办法之一是“一时一事”。无论工作类型如何，一旦开始工作就要下定决心一直坚持到百分之百完成工作为止，一次只做一件事情。一般认为至少持续工作一小时才能处理一件比较重要的事情。如果中途被打断，所耗费的时间至少是持续工作的五倍。

管理时间，冥想能起到重要作用，这是很多人容易忽视的。如何养成良好的时间管理习惯，把工作做到有始有终，博恩·崔西有一条建议：定期将自己冥想成专心致志、为实现高成就而努力的人。经常把自己冥想成高效率的人，经常畅想自己的光辉前程，不断地告诉自己“我擅长管理时间！我擅长管理时间”。

这些冥想对心理有很大的暗示作用。

最值得马上践行的冥想策略，就是将自己想象成一名老师。你要学习哪种技能，你就把自己想成是这一领域的老师，要给学生上一年相关领域的课程。就“时间管理”这个领域来说，设想从今天开始，你要教授一年的时间管理课程，那么你会怎样来教你的学生呢？

把自己设想成老师，学习成效会更显著，这是有科学依据的。这一技巧源于加速学习领域的研究成果。专家发现，如果人们在学习新知识的同时思考如何教授这些新知识，理解和接受这些知识的速度就比单纯靠学习和亲身实践来得快。

假如你有一些几天前的报纸，扔了（或者卖掉）。假如杂志是一两个星期前的或者更旧一点儿的，那也扔了它们吧！因为这些信息带来的机遇已经过期了。对于大多数人来说，即使我们在第一时间失去了某个信息，但还有更多的方法可以获得这些信息。

扔了，这么简单的办法，你或许也想过，但下决心了吗？真正做到了吗？要理直气壮地扔掉它们，不要因为没有看完杂志而内疚。你应该关心的是，集中精力处理好更重要的工作，把它完成得更好，并且按时完成。不要因为那些没有时间阅读的过期杂志和报纸而影响睡眠。

这说的其实就是时间管理的问题。时间管理涉及所有领域，大到制定重要目标和最终目标，小到节省打电话的时间和做好名片记录。许多人本身就特别讲究做事效率和做事方法，他们会根据自己所从事工作的性质，制定出一套提高时间利用率的工作方式，增强自己管理时间的技能。有专家列出时间管理“十步骤”，上面提到的“扔掉桌上的报纸杂志”是整理办公桌中最基本的一条小规则。

我们可以尝试从下面几个方面来管理自己的时间：（1）做你感兴趣的事情会让你珍惜时间。（2）分析每天的时间怎么花的。（3）激活时间碎片。（4）要事为先，不要成为急事的奴隶。（5）有纪律，不找借口。（6）高效时间用来做需要专注的事情。（7）平衡家庭需求：言出必行，忙中偷闲，注重有质时间。

心灵悟语

如今，越来越多书籍和课程来帮助我们去管理时间，指导人们有效利用碎片化时间去学习，当然，同时也警示人们，在把“边角料”的时间用到极致之后，还是应该建立学习体系。简化生活，去做自己喜欢的事，这才不枉在繁华人间走一遭。

耐心点，成功就在眼前

有些路看起来很近，走起来却有点远，而这一路上少不了耐心的陪伴，不然可能会面临挫折。而耐心让一切变得简单起来，甚至创造奇迹。

有个年轻人很努力，天赋也很高，不过每次离成功都只差那么一点点时，失败就开始让他感到绝望，甚至有了放弃的想法。

一天，他无精打采地在街上行走。乌云压得很低，阴沉沉的好像他此刻的心情。

“啊！”他发现自己撞到了路灯，条件反射向后退了两步。疼痛让他不停地用手揉着头上被撞的地方。

此时，一声轻笑从远处传来。循着声音，年轻人发现镇上的智者正在笑他。于是他走上前去，对智者说：“为什么我总是那么倒霉？不仅如此，为什么成功总是与我无缘？”显然，他是希望智者能给他一些指点。

智者思考了一下，然后说："你跟我来。"

年轻人不知道智者想做什么，但觉得他是镇上最有智慧的人，肯定能够指点一二，于是跟在智者身后。

智者停在一个卖芝麻的摊前，回过头对年轻人说："你先买一斤黑芝麻、一斤白芝麻。"年轻人虽然好奇，但看着智者一脸冷静的样子，不像是在耍他，就按智者的意思照做了。

"老板，来一斤黑芝麻、一斤白芝麻。"

"好嘞！"老板手脚麻利，很快就弄好了。

付完钱，智者和年轻人走到路旁。"答案到底是什么啊？"年轻人有些不耐烦。智者没有理睬他，而是从年轻人手中拿过白芝麻和黑芝麻，把两个袋子里的芝麻混在了一个袋子里。

"给你半个小时，把它们分开，我自然会告诉你为什么你得不到成功。"

年轻人刚开始还兴致勃勃，一颗一颗地拣，过了10分钟，他开始失去耐心，速度越来越慢。终于在过去半小时的时候，年轻人放弃了。

"这也太费劲了，你别让我分什么芝麻，请你直接告诉我答案吧！"

智者听后微微一笑："其实答案我已经告诉你了，成功就像是把这黑、白芝麻分开一样，光有热情是不行的，你得需要有足够的耐心。只有有足够的耐心，坚持下去，才会取得成功。你正是缺少这种耐心啊！”

年轻人听后恍然大悟，想到每次都是因为没有耐心在即将成功时放弃，深感后悔。

年轻人谢过智者，又开始了自己的追求。几年后，他终于取得了成功。

有时生活就像一个拆礼物的过程，所有发生在我们身上的事件都是一个经过仔细包装的礼物。只要我们愿意面对它有时候有点丑陋的包装，带着耐心和勇气一点一点地拆开包装的话，我们会惊喜地看到里面珍藏的礼物。

也许我们曾在生活中因为麻烦，因为时间的消耗、精力的磨损而放弃了应该坚持下去的事情，然后失去了耐心。没有心情打理自己的生活，任由工作和生活在一片狼藉中慢慢失去光泽，慢慢丢掉没有得到实施的计划。

这个时候，我们需要的不是什么技巧、天赋，而是需要一种最质朴的素质——耐心。只有持之以恒，你才能比别人更容易成功。

有人曾做过这样的统计，沃伦·巴菲特对每一只股票的投资都在 8 年以上，而且每次投资都是大手笔，不过几乎都能大获成功。

巴菲特是有史以来最伟大的投资家，他倡导的“价值投资”理论风靡全球。因此，巴菲特赚钱神力让热衷投资的人们羡慕不已。但如何才能像他一样呢?

有个记者采访他：“请问您每天做得最多的事情是什么？”

巴菲特说：“我每天都会阅读所关注的公司年报，同时也阅读竞争对手的年报。这些年，我一直在坚持这个习惯。”

很多人都曾谣传，巴菲特是个投资天才，可以睁一只眼闭一只眼投资几百亿，决策只用几个星期。表面上是这样的，但事实上谁又知道，巴菲特在投资之前已经持续了50年仔细阅读多家公司年报的习惯呢!

买入IBM和美银的时候，巴菲特多次公开表示，自己曾花了50年的时间跟进研究这两家公司。这两笔大投资，之所以能获得巨大成功，靠的不是天才的理论，而是耐心。

巴菲特在强调炒股需要耐心的时候这样说过：“股票市场的作用是一个重新配置资源的中心，资金通过这个中心从频繁交易的投资者流向耐心持有的长期投资者。”

这句话也许晦涩难懂，不过他后来打的一个比方，就无比清晰地表达了很多事情。不能急于一时，需要有超乎常人的耐心，才能更胜一筹。

他是这样说的：“无论你多么天资过人、多么拼命努力，有些事情还是需要经过一段时间才能完成。就算你能让9位妇女同时怀孕，但你不能让她们怀孕一个月后就生出孩子。”

台上一分钟，台下十年功。看似简短的一分钟，需要十年甚至几十年的耐心。不过正是耐心，才成就了舞台上精彩绝伦的表演。

在自然界中，狼是一种极有耐心的动物。它丝毫不为等待的时间而感到厌烦。它可以安静地待在同一个地方十几个小时，在最佳时机毫不犹豫地出击。因此，它往往能依靠惊人的耐心捕捉到想要的猎物。就算是狼，它也是因为生存的需要才慢慢培养出这种令人惊叹的“品质”。而生存恰恰是它们追求耐心的动力。因此，你有多么渴望成功，便会有多大的耐力、多少的坚持。

心灵悟语

该来的始终会来，千万别太着急，如果你失去了耐心，就会失去更多。所以在自己该走的路上，耐心地走，也不要忘了看看两岸的风景，尽情地走好每一步，人生总会给你一个答案的。

在自己喜欢的事情上竭尽全力

当我们有权利开始选择自己的人生时，别人的规劝、父母的建议有时并不是最重要的，最重要的是自己的内心，是基于这么多年来你对自己内心的关注和了解，从而做出一个最顺遂心意的选择。任何一个人都只有在面对自己最喜欢的事情时才会竭尽全力，才是对自己最大的负责。

心理学家认为，当一个人从事自己所喜爱的职业时，他的心情是愉快的，态度是积极的，而且他也很有可能在所喜欢的领域里发挥最大的才能，创造最佳的成绩。

威兰喜欢画画，大学毕业后就和一帮搞美术的朋友办画展，只要有人想买他的画，无论价格高低，他都不计较，只希望得到一些钱，买绘画的材料。有一天母亲告诉他，艺术只能当爱好，不能当职业，并且把他带到失业局找工作。然而，威兰的全副心思都在画画上面，完全没有心思做其他工作。他连续三天换了三种工作，都被解雇了。他一心只想当画家，进行艺术创作。最终，他在自家的地下室设立了一个工作室，日夜工作。后来，他搬到加州的莱格纳海滩，那里有许多画廊可以启发创作灵感。威兰就在那里又奋斗了好几年，终于开设了自己的画廊，每年大约可以画 1000 幅作品，有些作品一张可以卖 200 万美元，他的经济状况有了天翻地覆的改变。

但是我们生活中却经常看到有一些人做着自己并不喜欢的工作，好像把自己卖给了工作，也没有好好地问问自己的内心，自己的兴趣点究竟在哪里。他们想转行，却迟迟下不了决心，因为不甘心抛开累积了多年的专业知识。日复一日，年复一年，当他们终于决定转行去做其他工作时，招聘方却嫌他们底子太薄，拒绝录用。很多人都是如此，他们多半都在做他们讨厌的工作，却又必须逼自己把讨厌的事情做到最好。这样便很容易遇到事业的“瓶颈”，而没有办法突破。

他们之所以会有这种不愿做而不得不做的情况存在，就是因为工作在很多人眼里，只是谋生的手段。为了生存，他们不得不从事自己不喜欢的职业。而工作占去了他们生活的很大一部分时间，这让他们感到不快乐，烦闷抑郁。这些人可能拿着不错的薪水，但是绝对不可能实现更高的成功目标，因为他们本身就没有追求更高目标的动力。一个人如果连自己的工作都不喜欢，又怎么指望他能做出一番成绩呢？

不论这个社会怎么样，每个人都要把日子过下去；不论未来怎么样，都要把日子过下去；重要的不是抱怨环境，不是担忧未来，而是即刻做自己喜欢做的，如果不能做自己喜欢的，那么，就喜欢自己即刻能够做的。如果你想成功，就要投入到你喜爱的行业里，并且是全心全意，排除万难。据统计，美国的成功人士中，有 90% 以上都是在从事自己喜爱的工作。心理学家卡耐基曾经向一位著名的成功人士请教成功的第一要素是什么，对方的回答是：做自己喜欢的工作，爱上你的工作。如果你热爱自己所从事的工作，那么工作再忙再累，对你来说，都是快乐充实的事情。

20 世纪杰出的大提琴家卡塞尔斯将近 90 岁时，老态龙钟，起床时需要别人扶持，帮忙穿衣服，走路时脚在地下拖着，弯腰曲背，手指由于关节炎而肿胀屈曲，他还患有肺气肿，总是呼吸困难。但是，卡塞尔斯在用早餐前都会去弹一曲钢琴。他弹琴时，几乎与之前判若两人，弹琴的手指不再屈曲，柔软而强劲有力，腰也挺直了，琴声就像年青钢琴家弹奏的一样，呼吸也变得自然。弹完琴用过早餐后，他可以自由自在地到户外海滩散步。其实每个人都有类似的精神力量，对某项工作的热爱足以支撑一个人的精神世界，当你遭遇困难、挫折时，那种热爱会帮助你勇渡难关。

莎士比亚就是另外一个极有力的例证。如果少年时代的莎士比亚听从了父亲的安排，干了自己不喜欢的经商职业，可以想象，即使他付出再大的努力和再多的劳动，成就也不会比他取得的艺术成就大。对于他不喜欢的职业，他会有耐心和热情去为之奋斗吗？很难说。正因为莎士比亚从小就与戏剧结下了不解之缘，长大以后又得以从事自己所喜爱的戏剧创作，才使他有极大的热忱和非凡的创造力为人类留下许多不朽的艺术财富。

选择自己真正喜欢的领域，那么你一定会废寝忘食地工作而不会疲倦。画家毕加索曾经说：“当我在工作时，我觉得是在放松；当我无所事事或要应对访客时，我觉得很疲惫。”美国作家马克·吐温也说过：“成功的秘诀，就在于能够把职业当作在放假。”真正爱你自己的工作时，你就会有如此的心情，成功也就更容易到来。

心灵悟语

千万别逼迫自己或别人去做不喜欢的事，那样会事倍功半。世上没有什么比不称心的职业更能摧残人的希望，使人丧失内在的力量。去寻找自己喜欢的事，做自己喜欢的事，你就会离成功更近一些。

何为“明确”的目标

有人说有了明确的目标，就有了奋斗的方向。那到底什么样的目标才算是明确的目标呢?

有时候，我们过分关注那些名人的光环和荣誉，以为那些“像比尔·盖茨一样成为亿万富翁”“成为像海伦·凯勒一样的坚强的人”“成为像卡夫卡一样的大作家”等等的目标就算是明确的目标了。殊不知，这些只是一个笼统的方向和普遍性的认知，而关于具体的目标以及如何去做的明确性并没有提出来。所以这一切也只能如高不可及的天空一样缥缈，梦想一旦不能落进实实在在的行动和生活里，只能是空想而已。

目标要精确，要现实。例如，你想要成为一个作家。这当然没问题，但你有没有问过自己，要怎么写，要怎么开始规划一个故事，要如何获取写作素材，需要做哪些准备？你能否说明为什么写这样的题材而不是那样的，以及遇到写作瓶颈时怎样面对？你想像巴菲特一样学习炒股赚大钱，当然也可以，那你有没有问过自己，一开始要如何着手准备，你需要哪些专业书籍，或者从哪里能获取最直接的经验？

如果你想不出答案，就说明你那些模糊的愿望只是空想，不是目标。

在华盛顿有一位很有名的医师，他出生于澳大利亚，因为双亲早逝，他在很小的时候就开始为生计奔波，为了衣食住行而到处打工挣钱。即便如此，他还是满心憧憬着要成为一名医生。他没有钱上医学院，但是，成为医生的梦想无时无刻不在激励着他、鼓动着他。有一次，社区医院需要勤杂工，他第一时间冲过去报名应聘。他不怕脏，不怕累，格外用心地做事。别人想不到的，他都想到；别人做到的，他要做得更好。他每天都要把挂在墙上的医师执照取下来细心地擦拭干净，心里想象着那张执照的主人就是他自己。

就这样，他“走火入魔”般地工作了一段时间，被医院的医生发现了。医生觉得他是个可塑之才，就要他来当助手，甚至帮他交了学费，鼓励他去接受正规的专业培训。最后，这个年轻人成了非常优秀的医生。这个年轻人，就是确立了明确的目标，而且不屈不挠地去追求，才最终“心想事成”的。

有明确的目标才有努力的方向，当目标成为“焦点”，它才可以作为你的成功指针。你小时候很可能也玩过这样一个小游戏：拿一个凸透镜在阳光底下收集太阳的光线，并且在凸透镜的下面衬一张白纸，当光线聚焦在纸上达到一定时间之后，那张纸就会燃烧。

这其中的原理就是物理学中所说的“聚焦”。

假如那些太阳光线不经过凸透镜集中在一个焦点，或者你没有把焦点集中在白纸上，那么，分散的太阳光线不会使白纸燃烧。在这个比喻里，焦点就是“明确”的目标。你只有这样精准地找到目标，确定自己努力的方向，才有可能走上成功之路。

心灵悟语

不要总盯着成功人士的光环和荣耀，要更多地看到他们成功的过程和足迹。空泛地勾勒梦想不会为成功增添动力，把梦想落实到日程表上才是成功的开始。

生活及理想，均依附于细节

世界上最快乐的事，莫过于为理想而奋斗。哲学家告诉我们，“为善至乐”的乐，乃是从道德中产生出来的，为理想而奋斗的人，必能获得这种快乐，因为理想的本质就含有道德的价值。

我们每个人都树立过各种各样远大的理想，这些理想成为他们人生的动力，激励着他们拼搏进取。不知道你是否仔细考虑过：你的理想是否切合实际？你自身是否具备实现理想的条件？你是不是为你的理想尽了最大的努力？这些问题，如果答案是否定的，那么就是你的理想不理性，只能算作胡思乱想。有时我们一直寻找的，却是自己原本早已拥有的；我们总是东张西望，唯独漏了自己想要的。我们忘记了自己也许内心空含有一个理想的空壳，而让一切行动都虚化为一个背景，这就是我们至今难以如愿以偿的原因。

理想推动着我们前进。没有理想的人生是平淡的。只要你的理想是理性的构想，就一定能够实现。那么，要如何“理性地想”呢？每一个人都有特殊的才华，对某一件特定的事情总是可以做得比别人好。每一个人也都会有特殊的嗜好，是他愿意付出更多心血去做的事情。所以拟定明确的目标以前，应该分析自己的嗜好和才华，选择自己比较有可能达到的目标。

这里，我们给出一个“WWWH公式”：你要什么目标——What；什么时候可以达到目标——When；除了依照自己的嗜好和才华来订出明确的目标，以及达到目标的时间表外，更要提出足够的理由说明为什么要确立这样的目标——Why；如何达到目标——How。有了充分的理由才会激发热切的欲望去追求目标，也正是有了热切的欲望才有可能使你确信自己可以达到目标。

许多人之所以没有成就，正是由于长期幻想所致，因为喜欢幻想的人很少去争取实现理想的良机。有理想固然是好事，但是如果只是幻想，那么任何辉煌的蓝图，都只能成为乌托邦。所以，幻想要不得，只有合理地想、理性地想，把大理想化作小目标，才有可能成功。

有“高科技惊险小说之父”称号的美国作家克莱顿创作了15部畅销小说，全球总销量超过1.5亿册。其中，有12部被拍成电影，7部还是由他自己导演，先后获得艾美和皮博迪奖。克莱顿说："我的书不是一次写成的，而是写了再写。最困难的是改写了7次以后，仍然不满意。"而海明威写《战地春梦》时，一改再改，总共改写了39次。雕刻家博格勒姆在美国黄石国家公园花岗石上雕刻的4尊美国总统雕像，前后历经19年的时间才完成。其间有人问及雕像的进度，博格勒姆的回答是："华盛顿总统的鼻子多突出1英寸，要等待花岗石被侵蚀1万年后，才算完成。"可见杰出成就者做事态度的严谨。

不要以为只有从事创作的"艺术家"才需要这种反复修改、精益求精的钻研精神，无论你从事哪个行业，对自己的工作专注而执着，总是成功的必要条件。

有句西方谚语，上帝存在于细节当中。无论你想在工作上有所建树，还是想在商海中闯出一片天地，都要养成精益求精的习惯，在看似简单和基本的工作中积蓄成功的力量。提到自由女神像，全世界的人恐怕都不会陌生。那尊矗立在纽约港内的巨大铜像是无数人心中的"自由女神"，它几乎成了"美国梦"的代名词。但是，你能想象吗？那样一尊巨大的塑像，当你乘坐直升机从高空俯瞰它时，能够看清楚女神的"发丝"！这就是"平凡"与"不凡"的差异。

美国参议院议员布拉德利曾经是一位了不起的篮球运动

员，在普林斯顿大学读书时即入选篮球名人堂。1996 年他出了一本传记，书中写到了学生时代练球的情形。每次练完球队友离开后，他会在五个定位投篮 15 次。在投篮过程中，只要有一次失误投不中，就要从头开始。也就是必须在五个不同的定位，连续投中 75 个球，才结束一天的训练。靠着这种苦练，布拉德利在高中比赛中创下了单赛季得分超过 3000 分的纪录。“篮球之神”迈克尔 · 乔丹同样是个好例子，高中时代的乔丹较之其他同龄队员，没有任何先天优势。中学时代，他的身体条件还比不上其他球员，并不被教练看好。但是他每次练球时都百分之百地投入，加练更是家常便饭，天才的超级球星就是这样在汗水中浸泡出来的，就是在这种挑战自我、超越自我的“自虐”中诞生的。

有人说，比尔 · 盖茨是百年难得一见的天才，所以他才能取得这样令人艳羡的成就。这或许没错，但是我们也应该试着去看看成功人士背后的东西，包括他工作的小细节。

据比尔 · 盖茨的前秘书说，比尔 · 盖茨是一个很喜欢制订计划的人。他会把短期目标、长期目标很早就规划好，在实施的过程中不断地调整，直到目标一个个成功完成。

所以，我们也可以试着去做好自己的人生规划，像比尔 · 盖茨一样有计划、有目标地去走好每一步。规划好人生这张宏伟的“蓝图”，就像在伸手不见五指的黑夜打开了一盏路灯，为我们指明前进了的方向。

心灵悟语

理想不是天马行空的任意想象，而是为自己构建的宏伟蓝图。一砖一瓦都需要清晰，每一滴汗水都不能吝惜。

第五章

简单生活，就是知行合一

记住生命的热情，去改变

在英国威斯敏斯特教堂的地下室里有一块墓碑，上面写了这样一段话：在我年轻的时候，我曾梦想改变这个世界。可当我成熟以后，我发现我不能够改变这个世界。于是，我将目光缩短一些，那就只改变我的国家吧。可当我到了暮年的时候，我发现我根本没有能力改变我的国家。于是，我最后的愿望，仅仅是改变我的家庭，可是这也是不可能的。当我躺在床上，行将就木的时候，我突然意识到：如果当初，我仅仅是从改变自己开始，也许我就能改变我的家庭；在家人的帮助和鼓励下，也许我就能为我的国家做一点事情；然后谁知道呢？说不定，我能改变这个世界！所以，其实对我们每个人来说，最重要的，是学习如何改变自己！

如果每个人都能照着自己的心意去生活，去行动，那么也许很多人的人生都不是现在的样子，也许会变得更美。

日本有一个叫春水上行的年轻人，大学毕业后当了一名外科医生。这个行业报酬丰厚，收入稳定，为很多人所向往。可是春水上行却感到十分苦恼，因为他并不喜欢当医生，他真正热爱的是写作。

放弃待遇优厚的工作去写作，是不是代价太大了？靠写作能维持生计吗？这样的代价和牺牲能换回相应的回报吗？自己快要30岁了，现在开始写作还来得及吗？

春水上行心里七上八下，犹豫不决。1960年的一天，他给当时闻名全球的摩西奶奶写了一封信，倾诉了自己的苦恼，希望得到她的指点。

摩西奶奶是20世纪初美国最著名、最多产的原始派画家之一。摩西奶奶77岁才开始学画，80岁才成名，可谓大器晚成。在成名之前，她不过是一个靠刺绣乡村风景为生的民间农妇，后来因为关节炎的缘故，才不得已放弃了刺绣，转而投入到绘画之中。去信不久，春水上行收到了一张摩西奶奶寄来的明信片，上面写着一行字："做你喜欢做的事，上帝会高兴地帮你打开成功之门，哪怕你现在已经80岁了。"

这句话深深地触动了这位年轻人的心。他下决心放弃了医生的职业，一心投入到了文学创作中。这个年轻人，还有一个名字，就是渡边淳一。

如果不相信自己，不坚持自己真正喜欢的东西，这个世界也许就会少了一个渡边淳一，少了《失乐园》等上百部优秀的文学作品。其实，一个人真正愿意做的那件事，才是他的天赋所在。这天赋犹如深井里的泉水，只要你坚持不懈去挖掘，它就会报于你甘甜清冽的清泉。

说到坚持自己，有一个人可谓是达到了极致，她就是被称为“美国最牛插画家”的塔莎奶奶。塔莎奶奶的全名是塔莎·杜朵，她曾两次获得有“绘本奥斯卡”之誉的凯迪克大奖，还是女王终身成就奖的获得者。她的插画弥漫着一种“早春夜晚般的柔弱之美”，那画中的世界是如此迷人，受到了无数绘本迷的憧憬和向往。

可这样的生活，当真只存在于绘本中，只存在于幻想的童话中吗？很多人不知道，塔莎奶奶笔下那个迷人的世界，那片理想的伊甸园，就是她本人生活的地方。

蓝天白云下，一座19世纪的大庄园里，花草繁盛。一群鸡在草地上走来走去，低着脑袋啄食草籽和草叶上的小虫；几只奶牛被拴在树桩上，哞哞地叫着。庄园里十分安静，这里没有电，没有自来水，人迹罕至。一个老妇人穿着复古长裙，头上戴着碎花头巾，在院子里摘了一篮子草莓，安静地坐在树荫下做果酱……

一切都是那么原始，那么自然，就像一个虚构的童话世界，但这一切又都是真实的。

塔莎奶奶就生活在这样一片虚幻的真实中：春耕，夏种，秋收；在散发着泥土气息的庄园里挑水、做饭、开辟菜园、摆弄花草；跟孩子们、木偶们一起设立“麻雀邮局”，互相写信；亲手制作肥皂、蜡烛和油灯，吃粗面包；每天纺线织布，为全家人裁做衣裳；冬季宁静的夜晚，坐在亮堂堂的火炉边作画。这一幕幕闪过的瞬间，看起来多么美好，多么令人向往。但要真正生活在这样的世界里，就要学会忍受亲自劳作的艰辛，忍受古老生活的种种不便，忍受与世隔绝的寂寞，学会从容和淡然处世的心态，学会坚持与淡定。

能像塔莎奶奶这样，孤独地在一个19世纪的庄园里生活一辈子，常人是做不到的。然而，喧嚣寂灭，尘土落地，塔莎奶奶一生的执着和坚守，换来了心灵的净化，灵感的升华。

如今，“塔莎奶奶”已经成为一个象征理想的符号，很多人把塔莎奶奶的生活当成一种梦想去追求。殊不知，这种梦想离我们并不遥远。

心灵悟语

走自己喜欢的路，一辈子才会无怨无悔。把世俗名利和成败得失放一边，从现在起，走自己想走的路，做想做的事，学会从容，坚持自己，幸福就会来敲门。

别让长久的等待，错过爱情

所有错过的，会变成遗憾，有的可以填补，有的不可以。哭过、笑过、爱过、恨过，爱曾经有多甜，恨就有多苦，我们最终学会的，是不要错过自己所拥有的。有时我们很容易把别人给自己的爱看得理所当然，在享受中忽略了太多，直到那个爱他的人突然不在了，才发现一切已经晚了。

赛琳娜和乔内十分恩爱，他们幸福地生活在英国的一个小镇上。不论严寒酷暑，还是刮风下雨，赛琳娜每天都会起得很早，然后轻手轻脚来到厨房，精心为乔内准备营养丰富的早点。当赛琳娜准备好一切，把美味的早餐送到乔内身边时，他却还在蒙头呼呼大睡。

“亲爱的，吃早点吧！”她会轻轻地吻他的额头，温柔地把他唤醒。

日子一天天过去，一年后，这对恩爱的小夫妻生下了一个健康的孩子。有了孩子，赛琳娜更是成了贤妻良母，将全部的心思都花在了乔内和孩子身上。

可是，天有不测风云。五年后，一场意外车祸夺去了这个小家庭的幸福。赛琳娜被撞成了高位截瘫，从此只能躺在病床上度过余生。为了维持她的生命，悲恸欲绝的乔内变卖了全部家产，一边要照顾病床上的妻子，一边还要拉扯年幼的孩子，生活变得十分艰苦，但乔内从未想过要放弃。

由于高位截瘫，赛琳娜每天都会大小便失禁，把床单弄得一片狼藉。乔内心疼妻子，为了让妻子少遭一点罪，他彻夜不眠地守着妻子。经过长期观察，乔内终于发现，原来这个时间是有规律的，它差不多就在凌晨4点的样子。自此以后，每当教堂的钟声敲响四下的时候，乔内就会飞快地爬起来，为妻子准备垫布，为她擦洗身子。当赛琳娜又舒舒服服地躺回干净的被窝里时，他会去厨房为她炖一份她最爱喝的鸡汤，然后一小勺一小勺、耐心地喂她喝。

等他们吃完早餐，差不多6点钟了，天渐渐亮起来。乔内把赛琳娜抱到轮椅上，然后推着她在教堂附近的小路上散步。时光如梭，一晃好几年过去了，每天4点起床，6点陪着赛琳娜一起在教堂边散步的习惯已经成了一种固定的规律，几乎跟教堂的钟声一样准时。乔内推着轮椅陪妻子散步的情景，也成了小镇上一道独特而感人的风景。

这道风景整整持续了40个年头，直到一个午后，赛琳娜在轮椅上悄然离去。那时，他们的孩子早已成家，搬到了别处居住，房子里只剩下乔内一个人。赛琳娜走后，乔内依然保持着4点钟起床、煲汤的习惯。只是每天早晨6点，他不能再陪赛琳娜去教堂附近散步了，于是，他来到山腰上妻子的墓地旁，陪她说会儿话，然后再为她献上一束新鲜的雏菊。

很多年后，乔内先生老了，开始步履蹒跚，可他依然坚持不懈地奔走在自己的爱情长跑线上，从不间断。乔内先生享年109岁，而他为赛琳娜早起的习惯也一直保持到了生命的尽头。

乔内先生去世后，他的墓碑上刻下了这样一句话："亲爱的赛琳娜，如果有可能，我一定愿意再为你早起89年！因为，没有人可以替代你在我生命中的位置……"

这个老人的爱情故事感动了小镇上的每一个人。为了怀念这位"痴情先生"，每到6月15日乔内先生生日这一天的凌晨4点，小镇上所有的人家都会传出清脆悦耳的闹铃声。这是爱之铃声，也是警示之铃声。

爱，说起来容易，行动起来也并不难，有时候，爱就是为他早起，每天坚持不懈为他准备一份早点，傍晚时手挽手在夕阳中散步，说晚安时给彼此一个拥抱。然而，爱是如此简单，人们却往往做不到，他们常常对所爱之人说：

“等等吧。”

“以后吧。”

“明天吧。”

没有人想过，等到明天，命运是否还会给他爱的机会。

山姆是一个建筑工程师，他每天都很忙很忙，白天上班，晚上加班，有时候连周末也得不到休息。他的妻子艾伦一个人忙里忙外，照顾孩子，操持家务，从来不说一句抱怨的话。当他在家里工作时，她会把孩子们哄得远远的，免得他们打扰了山姆的工作；而她自己也几乎不去打扰他，除非他忙得忘记了吃饭。一年中，艾伦最期待的日子就是她和山姆的结婚纪念日。以前，山姆总会开车带她去海滩旅游，他们在沙滩上堆城堡，在大海里冲浪，舒舒服服躺在长满椰树的小岛上享受日光浴。这样的旅行十分愉快、惬意，艾伦把它称为“再度蜜月”。

不过，后来山姆的工作越来越忙，艾伦又要照顾孩子们，她已经好几年没有看到大海了。艾伦是个极爱大海的人，看不见大海，对她来说简直比关在牢笼里还难受。等山姆有了空闲，艾伦就会跟山姆说：“亲爱的，咱们去‘再度蜜月’吧！”

山姆却摆摆手说：“亲爱的，我好累。下一次，下一次好吗？我现在只想好好睡一觉。”见山姆这么说，艾伦也只好不再提去海滩旅游这件事了。

可是，下一次，永远都是下一次。山姆的工作好像永远都忙不完，一旦有空，他也总是一脸疲惫，倒在床上呼呼睡大觉。一年一年过去，艾伦甚至想不起来大海的样子了。

有一年，又到了山姆和艾伦的结婚纪念日。艾伦精心化了淡妆，轻轻推开丈夫工作室的门，为他送上了一朵红玫瑰。山姆停下手头的活儿，感激地看着艾伦，深情地吻了吻她，然后不无遗憾地说："亲爱的，你看，我还有那么多图纸要画……真是很抱歉，今年又没有时间陪你去旅游了。"

艾伦用充满恳求的眼神看着他，轻轻地说："我们的钱已经够花了，亲爱的。就这一次，我真的好想去看看大海，说不定下一次……"

"哦，不。"没等艾伦说完，山姆赶紧接着说，"下一次我一定陪你去。你要知道我必须努力攒钱，我要为你和孩子们买一套海景房，到时候你就可以天天看到大海了。"说完，山姆轻轻吻了吻艾伦的额头，又拿起尺和笔，扑在了那些图纸堆里。艾伦站在原地，泪光闪烁，深情地看了看埋头干活的丈夫，默默地退了出去。

半年后，艾伦去世了，死于乳腺癌。

山姆这才知道，妻子在最后一次恳求自己时，她的时间已经不多了。他懊悔自己对妻子照顾得太少，关心得太少，懊悔自己总是那么匆忙，错过了很多陪她爱她的机会。艾伦去世后，山姆曾痛苦欲绝地说："早知道这样，我说什么也要陪她去大海边看看啊。我这样拼命工作，到底是为了什么呢？"

不要再说"等一等"，趁还来得及，好好去爱，抓紧去爱，不要让自己的爱留下遗憾。

心灵悟语

有些人享受着爱，却忘了去爱；有些人整天为爱奔忙，立志要为爱建立一座宫殿，却不知道爱很简单，爱只要一个小小的行动就可以达到。他们都忘了爱在当下，需要及时把握。不管你是丈夫，还是妻子，都好好珍惜你的另一半吧。每天给他（她）留一些时间，每天爱他（她）一点点，不要让自己留下爱的遗憾。

最大的危险是无所行动

一切事情都不能永远保持良好，因为过度的善反会摧毁它的本身，正像一个人因充血而死去一样。想做的，想到了就该做，因为旁人弄舌插足、老天节外生枝，这些都会消磨延宕想做的愿望和行动；该做的事情一经耽搁就像那声声感慨，越是长吁短叹越会销蚀人的精力和志气。

面对成功、荣耀、他人仰望的目光等一切美好的东西，心动的人很多，但心动并行动的人却并不多。那些只是心动的人只能“画饼充饥”，只有心动并行动的人才能够品尝到“果实”的味道。

美国的百货业巨子约翰·甘布士极其简单地阐述了自己的成功经验：“以最快的速度行动起来，把行动变成如同条件反射一样。”

有一次圣诞前夕，因为事业的原因，甘布士临时起意要去纽约。由于没有预订，车站的票又已经全部卖光了，唯一的机会就是去车站碰碰运气，看是否有人临时退票，而这种事情发生的概率只有不到万分之一。

然而，甘布士并没有因为得到车票的概率小就放弃；他积极地行动起来，欣然提了行李，来到车站，就如同已经买到了车票一样。

结果，真的被他买到一张。一个女人的孩子病得很严重，因此她不得不退票。行动起来才可能有所收获，不行动起来就一定没有收获的可能性。

有一次，由于经济萧条，很多工厂堆积了大量的货物卖不出去，最后为了处理掉存货，不惜把价格一降再降，甚至可以用 1 美元买到 100 双袜子。

许多人都说如果在这个时候把廉价货物囤积起来，等到经济回温后再卖掉，一定可以大赚一笔。然而，或许是因为心存疑虑，或许是因为缺少资金，不管什么原因，确实没有人那样去做。

当时，还只是一家织造厂的小技师的约翰 · 甘布士却行动起来。他用自己的积蓄，甚至向别人借钱来收购低价货物。

经济并没有如人们期望的那样很快复苏起来。人们都开始嘲笑甘布士，而甘布士对别人的嘲笑置若罔闻，依旧不停地收购各工厂抛售的货物，并租了一个很大的货仓来贮货。

甘布士的妻子看着他“把血汗钱往河里扔”的举动担忧极了。随后，他们又看到，由于许多工厂廉价抛售也找不到买主，便把所有存货用车运走烧掉，以此稳定市场上的物价。妻子更是对甘布士抱怨不断，而甘布士仍然是一副成竹在胸的样子。

终于，美国政府采取了紧急行动，稳定了地方的物价，并且大力支持那里的厂商复业。这时，由于存货都被烧掉了，造成货物紧缺，物价一天天飞涨。约翰·甘布士马上把自己库存的大量货物抛售出去。一来得到了一大笔钱，二来使市场物价得以稳定，不致暴涨不断。就这样甘布士赚来了人生的第一桶金。

看着甘布士从一个技师一跃成为有钱人，很多人都后悔，为什么当初不像甘布士那样去做。

如今，甘布士已是全美举足轻重的商业巨子，他在一封给青年人的公开信中诚恳地说道：“亲爱的朋友，要想取得成就，就必须行动起来，做一个行动者。”

所谓理想就是干，就是行动。生龙活虎地行动，不计得失地行动，矢志不渝地行动。而决心是指当某种内在的信念命令你行动时，你毫不犹豫。一个成功的人不会停留在想象中，只会当机会到来时，毫不犹豫地去行动。

从前，有两个人在打猎。正好天空飞过一群大雁，第一个人看见后，便开始想：这下好了，晚上回家有美味吃了，一只用来烤，一只用来清蒸，一只用来炖汤……他搭好弓准备射击时，大雁早已飞得不见了踪影，晚上回家依然只有那碟酱菜。而第二个人看见雁群，立刻张开了弓箭，“嗖”的一箭，射下了一只，开开心心地回家享用美味去了。

空想家很少去行动，或者即使行动也很快懈怠，他们仅仅是梦想过卓越的成就、完美的生活而已。行动者一贯采取持久的、有目的的行动，他们往往具备有目的地改变生活的能力，通常能够成就非凡的事业。简单地说就是，心动不如行动，行动才能成功。一切的成功都需要通过行动来创造，没有不需要行动就能拥有的成功。

生活中，很多人都有做白日梦的习惯，然而美梦终归是要醒的，沉醉于空想之中会让你由逃避现实到与现实脱节，最后一事无成。请记住，在人生路上我们不仅需要一对幻想的翅膀，更需要有一双踏踏实实的脚！

心灵悟语

人生来是为行动的，就像火总向上腾，石头总是下落。对人来说，一无行动，也就等于他并不存在。立即行动起来吧！不是行动于某时某刻，而是行动于此时此刻！

去做吧，Just Do It！

如果希望出色地管理好自己的工作生活，那么，你需要了解清楚，如果这件事总占据着你的头脑，你的思维就会受阻。任何一件你认为没有完成的事情，都必须置于一个客观可靠的体系中，或者是诸如“工作篮”的工具之中——必须经常回访并且清理它。

当然你还必须明白你的工作到底是什么。你还必须及时判断：需要采取什么行动来推动工作的发展进程。一旦决定了需要采取的行动方案，你必须在某一个你会经常查阅的体系中安排组织好这些行为的提示信息。

有时候人的行动分为横向与纵向两种，“横向的”控制保证了所有行动都具有连贯性、逻辑性，它一刻不停地对你周围的一切事物进行扫描监测。它可能捕捉到24小时内吸引你注意力的上千件事情中的任何一件事。相比之下，“纵向的”

控制则是指针对每个具体的主题和工作所进行的思考。从广泛的意义上讲，这就是“工作计划”，它的重点聚集在某一情况或某一个人身上，勾勒出执行过程中一切必要的想法、细节、重要环节和事情的先后次序。

如果你把一切事情仅仅存储在大脑里，那么，你就无法真正地获取那种轻松的控制感。将所有的“材料”百分之百地存入一些实实在在的工具篮中，而不是遗留在你的头脑中，并且利用这些工具进行处理。这一方法适用于一切事务——重大事件或者微不足道的小事，个人的私事或者工作中的问题，突发事件或者不甚紧急的情况，无一例外。

当我们要训练自己的行动力时，可以从以下几个方面来进行：（1）收集一切引起我们注意力的事情；（2）加工处理后，确定它们的实质以及解决方法；（3）组织整理得出的结论；（4）把它们列为我们行动的选择方案；（5）行动，这就构成了我们生活中的“横向”管理层，随时添加新事务。

所以有了这些方法论的指导，我们可以在生活工作中，想清楚方向以后及时去行动。有的时候，我们总抱怨生活的无趣，可是一边抱怨一边还要安于现状。可是生活的可怕之处就在这里，有些人可以安于现在的生活，淡然地生活下去；有些人却想要轰轰烈烈。而很多时候大部分人只停留在想一想的境地，然后继续不咸不淡地过着并非想象中的那种生活。

然后你就想到了要改变自己，可是却发现处处使不上力气，像被卡住了一般，对生活不满，却又无法改变。

可似乎冷静下来想想，你是真的没办法改变还是这仅仅是你的一个借口？你想要安下心来好好看几本书，朋友给你列了份书单，没过多久你又说这些书实在太枯燥又冗长，全部看完太消耗时间，还不如看网上小说；你说你想要去旅行，到处搜集旅行的资料，可你又说没订到票，或实在抽不开时间；你说你的梦想是出本书，发来几千字让人提意见，可没多久你又说没灵感又太累了，还是算了……那么问题来了，如果是没时间看书，那你每天怎么有那么多时间玩手机？说起旅行，其实你与远方的距离，就差一个出发而已。订票的琐事都只是你怕麻烦懒得行动的借口而已，如果你根本没有彻底打算改变自己的生活，那你怎么会获得想要的行动，怎么会改变自己的现状呢？

在你抱怨的同时，你有没有想过，你为什么不行动？或者说你明明已经有了很好的计划，为什么不按照你的计划一步步地来？有时候，成功的路是自己开拓出来的，用的就是当下就去行动的力量和决心，如果没有这样的决心，一切都是空的。

如果你已经为自己做了一个近期的行动规划，想读一本书，想去一个地方旅行，想看一部电影，等等，Just Do It（去做吧）！想去哪里旅行，就去吧；想去疯就去疯吧，不要因为担心太多而束缚了自己，最后散心的目的没达成，学习的目标也没做到，更不要为了别人的眼光改变了自己。

所以，请行动起来，如果你手头恰好已经有了一个计划，就按照计划的去做吧。建立信心的最好办法，就是去行动。

心灵悟语

在每一个和亲人、爱人相聚的日子里，都将这一天当作最后一天来对待，给予所有你能够给予的；在每一个新的愿望出现时，都尽快去实现它，不要让等待将希望变成遗憾；在想到一件你觉得应该去做的事情时，马上去做，也许机会一旦逝去就不再有。

知行合一的现代启示

《羊皮卷》里蕴藏着伟大的智慧，同时也体现着行动的力量。它说：

我的幻想毫无价值，我的计划渺如尘埃，我的目标不可能达到。一切的一切毫无意义——除非我们付诸行动。我现在就付诸行动。

一张地图，不论多么详尽，比例多精确，它永远不可能带着它的主人在地面上移动半步。一个国家的法律，不论多么公正，永远不可能防止罪恶的发生。任何宝典，即使我手中的《羊皮卷》，也永远不可能创造财富。只有行动才能使地图、法律、宝典、梦想、计划、目标具有现实意义。行动，像食物和水一样，能滋润我，使我成功。我现在就付诸行动。

拖延使我裹足不前，它来自恐惧。现在我从所有勇敢的心灵深处，体会到这一秘密。我知道，要想克服恐惧，必须毫不犹豫，起而行动，唯其如此，心中的慌乱方得以平定。现在我知道，行动会使猛狮般的恐惧，减缓为蚂蚁般的平静。我现在就付诸行动。

从此我要记住萤火虫的启迪：只有振翅的时候，才能发出光芒。我要成为一只萤火虫，即使在艳阳高照的白天，我也要发出光芒。让别人像蝴蝶一样，舞动翅膀，靠花朵的施舍生活。我要做萤火虫，照亮大地。我现在就付诸行动。

我不把今天的事情留给明天，因为我知道明天是永远不会来临的。现在就付诸行动吧！即使我的行为不会带来快乐与成功，但是动而失败总比坐而待毙好。行动也许不会结出快乐的果实，但没有行动，所有的果实都无法收获。我现在就付诸行动。

只有行动才能决定一个人的价值。若要加倍一个人的价值，就必须加倍努力。若要前往失败者惧怕的地方，当失败者休息的时候，便要继续工作；在失败者认为太晚时，方能够说大功告成。

每个人的一生都会有所不同，不同不在境遇，而在心态。所以我们评论一个人的时候，经常用“积极”或者“消极”来形容。无疑，消极的人生是晦涩的，充满着心灰意懒和悲观绝望，纵使拥有万贯家财，也觉得自己生无所依；而积极的人生，则充满了无限的成功可能，每一次触动之后，都会重新振作，蜕变之后，成功已然抵达。

行动是成功的法宝，积极行动起来，是战胜困难和挫折的最佳方式，生活的态度决定命运，是喜是悲，就让我们用行动来证明吧！

从前有一对兄弟，哥哥很聪明，弟弟则逊色很多。小时候大家都很喜欢哥哥，觉得他以后一定能成大器，而弟弟经常被人们忽略。随着时间的推移，兄弟俩长大了，这时候的哥哥显出一贯的骄傲，总说："我那么聪明，一定会成功！"弟弟听了这话，什么都不说，只是踏踏实实地用功读书。后来，哥哥成了一名食品加工厂的普通工人，每月工资几百元，虽然他还是那样的不可一世；而弟弟，考上了大学，最后成为一家公司的副总。

哥哥之所以最后只成了工人，就是因为他从来没有用行动去获得成功；而弟弟，虽然没有说，却一直在用行动证明着自己，取得成功，实现梦想，这是情理中的事。

另外一个故事，是关于著名主持人何炅的，在整个大学期间，他用自己的行动取得了对自己至关重要的成功。

那时候，何炅选择的是阿拉伯语专业，对于他来说，这门专业还是比较难的。

何炅从小时候起，就一直接受美术、表演和演讲方面的训练。大学入学后不久，学校学生会马上就注意到这个阿拉伯语专业的小学弟，热情地向他发出了邀请。何炅是多么高兴啊，可是，他还是要以学业为重，不能因为学生会工作耽误了自己的学习。

学习阿拉伯语真的没有任何窍门可以找，一丝一毫的进步都要付出相应的努力。同学们在夜里 11 点宿舍熄灯了才去洗漱，而何炅在这个时候才离开学生会的办公室，他的心里坚定了一份信念——一定要用行动让自己获得成功。

于是，他蹑手蹑脚地回到宿舍，点起一根蜡烛，在微弱的烛光下开着“夜车”，一学就是三四个小时，这样才能把放在学生会工作上的时间弥补回来。

同学们对他的生活和学习状态惊讶极了，说他简直有天大的精力，经常有同学夜里一觉醒来，看到何炅还在蜡烛跟前卖力地读书，样子很像“拼命三郎”，同学恨不得用“武力”将他赶回床上。

1994 年的一次高校小品比赛，何炅不仅通过行动获得了大家的认可，更获得了一次参加中央电视台大学生毕业晚会的现场直播的机会，那次晚会上他的小品获得一致好评，那一次，他见识到了一个更加广阔的世界。他感觉到，自己的成功就在不远处。

从校园走向社会，他似乎比别人更快一步，虽然表面看起来这算是一件好事，可是他觉得自己的天职是学习，如果不继续学习，会很可惜。这时候，他做出了一个艰难的决定——退出学生会，并且辞掉一切外界活动和主持人工作，专心学习。

在北外学习的最后两年里，他从喧嚣归于平静，每天只出入宿舍、教室以及图书馆。1997 年毕业的时候，他的专业成绩优异，顺利留校担任教师，那一刻，他的喜悦之情油然而生，因为他知道，他的大学生活画上了一个完美的句号。

何炅通过不断的努力，让自己有所收获。在沉淀以后，让行动的法宝成为成功道路上的金钥匙，这样的努力，值得我们每个人去效仿和学习。

心灵悟语

行动了，你就有可能会成功；不行动，则注定要失败。命运面前，人人平等，积极地行动起来，人生才会因你的努力而变得不同。行动是成功的法宝，迈出行动的第一步，成功便离你近了一步。

寻找当下的力量

古希腊学者库里希坡斯曾说："过去与未来并不是'存在'的东西，而是'存在过'和'可能存在'的东西。唯一'存在'的是现在。"对于过去，无法回头重新来过；而对于未来，没有什么事是可以提前来到的。所以，只有当下才是我们可以把握的，认真地活在当下，才是最真实的人生态度。

人总是要等到失去以后，才知道珍惜。其实，幸福一直就在眼前，只是人们没有用心发现而已。

有一个迂腐的秀才，娶了一个贤惠美丽的妻子，有一点薄田，虽然生活不算富裕，但也怡然舒适。然而，秀才过得却一点都不开心。他总觉得自己应该考一个更好的功名，谋个一官半职，那样才叫幸福。虽然妻子温柔地劝说他满足于现在，名利都是一场空，可他丝毫听不进去，他每天都捧着书本读书，既不过问家里的事，也不理会田里的收成。秀才的妻子每天任劳任怨地忙里忙外，他非但不体贴，不顺心时还拿妻子出气。

秀才读书是很用心，可上天似乎并不眷顾他，应考了好几次，都是榜上无名。秀才的妻子在一旁劝导他，不必非要去考取功名做什么官，靠自己的双手过着衣食无忧的日子，有幸福的家庭，这些就足够了。秀才却对此不以为然。

有一年大旱，田里的庄稼都快干死了。大家都在忙着担水浇田，秀才却还是埋头读书。他的妻子跟他说明了情况，希望他以生计为重，他却充耳不闻。后来，因为妻子一个人顾不过来，只有部分庄稼存活了下来。秋天收获的粮食自然大大减少，很快，家里的粮食就吃完了。秀才见妻子餐餐做的饭都很稀，十分不满，还责骂了妻子一顿。贤惠的妻子带着满心的委屈，收拾行李回了娘家。

迂腐的秀才还是只顾埋头读书，可没几天他就觉察到日子的难过了。没了妻子的照顾，他连洗衣这种最简单的事都不会，更别提地里的庄稼活了。这个时候，他突然明白，每天能有个人陪在身边，有着衣丰食足的生活也就够了，自己真是身在福中不知福。

从旁观者的角度来看，对秀才而言，能有一顿充满爱心的饭菜，有妻子温柔的关爱，或许就是最大的幸福了。不要给生活留下遗憾，沉浸在逝去的过往和尚未到来的未来只会搅扰当下的生活，学会珍惜，学会感恩，幸福就在手中。

你不妨试着回想一下自己已经走过的人生：你的童年快乐吗？除了每天为考入重点中学努力拼搏外，你的青春灿烂吗？除了拼命挤进一流大学外，你的生活精彩吗？除了为毕业能有一份好工作而奔波，你的头脑充实吗？除了为结婚攒钱买房……

其实，这正是大多数人的人生写照。除了尚不记事的幼儿时代，我们整个人生似乎都在为生存奔波，为未来做准备，一心一意地勾画美好的蓝图，却忘了“活在当下”。我们总是活得很匆忙，急着赶赴下一个目标，却独独忘记了目标的实现必须依靠当下的力量。

我们总以为“等到有了大房子”“等到有了更多的钱”“等到结婚生子”“等到孩子长大”……等到这一切都实现，我们就会活得轻松自在。但是，人的欲望是无穷无尽的，此刻你觉得不满足，以后永远不会觉得满足。因为真正的满足不在以后，而是在当下。那些你想拥有的快乐和幸福不必等到以后，只要你关注当下，活在当下，你就能拥有。

其实，很早之前，佛陀就已经给出了答案。有人曾经请佛陀指点，待他把自己的人生从过去的遗憾到未来的茫然全部都说了一遍之后，佛陀并没有直接指点他，而是问他：“你今天快乐吗？”他点点头。“你中午吃饭了吗？”他再次点点头，接着他准备说点什么，但是佛陀接着又问他："你吃完午饭睡午觉了吗？""睡了，睡了。""睡得好吗？""好，可是这跟我的那些问题有什么关系呢？现在你可以为我指点了吧？"佛陀却说："你已经有答案了。"然后佛陀就不再说话。几天之后，这个人终于明白了佛陀的意思——活在当下，寻找当下的力量，这才是人生的要点。

心灵悟语

尽管生活中会遇到很多的问号和不确定，但我们也不应该迷茫。很受一句话的鼓舞——"如果你看不清自己的未来，那就做好现在"。不要陶醉于过去的成绩，也不要预支未来的烦恼，我们只能活在当下，活在此时此刻。活在当下，我们才能找到真正的力量，创造出精彩的人生。

珍惜当下就是富有

活在当下是一种全身心地投入人生的生活方式。当你活在当下，而没有过去拖在你后面，也没有未来拉着你往前时，你全部的能量都集中在这一时刻，生命因此具有一种强烈的张力。

“当下”给你一个深深地潜入生命之水中，或是高高地飞进生命天空的机会。但是在两边都有危险——“过去”和“未来”是人类语言里最危险的两个词。生活在过去和未来之间的当下几乎就好像走在一条绳索上，在它的两边都有危险。但是一旦你尝到了“当下”这个片刻的甜蜜，你就不会去顾虑那些危险；一旦你与生命保持在同一步调，其他的就无关紧要了。对你而言，生命就是一切。

当生命走向尽头的时候，你问自己一个问题：你对这一生觉得了无遗憾吗？你认为想做的事你都做了吗？你有没有好好笑过、真正快乐过？

佛家常劝世人要“活在当下”。到底什么叫作“当下”？简单地说，“当下”指的就是：你现在正在做的事、待的地方、周围一起工作和生活的人；“活在当下”就是要你把关注的焦点集中在这些人、事、物上面，全心全意认真去接纳、品尝、投入和体验这一切。

你可能会说：“这有什么难的？我不是一直都活着并与它们为伍吗？”话是不错，问题是，你是不是一直活得很匆忙，不论是吃饭、走路、睡觉、娱乐，你总是没什么耐性，急着想赶赴下一个目标？因为，你觉得还有更伟大的志向正等着你去完成，你不能把多余的时间浪费在“现在”这些事情上面。

不只是你，大多数的人都无法专注于“现在”，他们总是若有所想，心不在焉，想着明天、明年甚至下半辈子的事。

假若你时时刻刻都将力气耗费在未知的未来，却对眼前的一切视若无睹，你永远也不会得到快乐。一位作家这样说过：“当你存心去找快乐的时候，往往找不到，唯有让自己活在‘现在’，全神贯注于周围的事物，快乐便会不请自来。”

有没有许多的事，一直想去做，但是每次都告诉自己“再等等吧”，因为总觉得一切都还不成熟，时机还未到。等有时间了再去旅游，等钱攒够了去谈场恋爱，等忙完这段时间的工作就回去看父母。可时间总是不够，钱怎么也攒不到自己满足的时候，工作更是这段时间还没忙完，新的工作又来了，于是，生活总处在忙碌和等待中。

总以为人生还很长，还有很多精力和时间可以去等待；总以为最快乐的事情一定要留到诸事停当后再去享受。却不知道在这样的等待中，生命一点点地消耗，而时间和精力也在慢慢地流逝，且不说我们是否能够等到享受美好时光的那一刻，就说到了那个时候我们是否还有足够的精力和心情去享受？你可以等有时间了再回家看父母，但是，渐渐年长的父母还有多少时间来等待，这点你是否想到过？

《百喻经》中讲了这样一个故事：

从前，有一只小猕猴，好不容易得到了一把豆子，抓在手里高高兴兴地往回走。它一蹦一跳地走着，没有注意脚下，突然被什么东西绊了一下，手一松，有几颗豆子就掉在了地上。

猕猴着急地想要找回那几颗豆子，但是手里满满地还抓着豆子。没办法，猕猴只好把手里的豆子全部都放在路边，然后就趴在地上四处寻找那几颗掉落的豆子。结果，它转来转去，找来找去，也只找到了一颗豆子，其他几颗依然不见踪影。

最后，猕猴起身拍拍身上的尘土，准备拿起刚才放在路边的豆子回家。等它走回刚才放豆子的地方一看，哪里还有豆子的影子，早被路边的鸡鸭吃光了。

猕猴手中握着剩下的唯一一颗豆子后悔莫及。

在现实中，有很多人都像这只猕猴一样，因为追求某一样东西而忽略了已经拥有的。人最宝贵的财富，不是回不去的难忘的过去，也不是尚未到来的预料不定的未来，而是能看得见、摸得着的实实在在的当下。人生苦短，一切如过眼云烟，活在当下，努力保持一颗平常心，得之泰然，失之淡然。

在浩瀚的海洋里，有一条快乐的金枪鱼，它每天自由自在地在海里游来游去，没事时就和同伴们说它所经历的故事。累了困了，就躲在水草里或石缝中休息，自由快乐是它的生活原则。有一天，一条红金鱼对它说："你知道有一个叫大海的地方吗？"金枪鱼摇了摇头。红金鱼接着说："听说，大海在很远很远的地方，那里比我们这儿大多了，好玩的东西也非常多。只有去过大海的鱼，才能称得上是真正的鱼，你这么会游泳为何不去大海看看？"

"真的吗？"金枪鱼吃惊地问。

红金鱼说："是的。你去找找吧。"

于是，这条快乐的金枪鱼开始去寻找大海，可它游啊游，每天累得要死，依然没有大海。有一天，金枪鱼累极了，看到一条正在悠闲漫游的鱼，就问它："你知道大海在哪里吗？"

那条鱼一听就笑了，说："你现在就在大海里了呀！"

不光是这条金枪鱼，很多人也一样，都无法关注现在，他们心有杂念，浮躁不安，总是为了未知的未来而心神不宁。

人生的快乐不是挂念过去，也不是憧憬未来，而是活在此刻，享受此刻。从某种意义上说，无论是过去还是未来，都是由当下决定的，只有抓住了现在，人生才会有快乐的过去和顺畅的未来。

心灵悟语

许多人喜欢预支明天的烦恼，想要早一步解决掉明天的烦恼。明天如果有烦恼，你今天是无法解决的，每一天都有每一天的人生功课要交，努力做好今天的功课再说吧！许多事，因为等待而变成了触不可及；许多人，因为等待而成了生命中的过客。当懂得了珍惜现在，你会发现，那些珍贵的幸福和快乐都在你的身边。

一切还来得及的时候

有这么一本书，名字叫《天蓝色的彼岸》。书中讲的是一个叫哈里的孩子在一次车祸中意外死去后发生的故事。当他意识到自己已经离开了人世，他想到的是他的作业还没有写完，还有许多事情没有为姐姐做过，还欠爸爸、妈妈、姐姐以及最好的朋友皮特一句“抱歉”，甚至，他还没有来得及和他一直喜欢的女同学杰莉 · 达肯斯说一声“再见”……

后来，哈里在天堂的好朋友阿瑟的帮助下，他的灵魂偷偷溜回了人间。回到人间后，哈里对生命有了新的认识，他发现死亡对于活着的人而言并不是那么严重，甚至远远不如活着重要。美丽的校园里，同学们在操场上欢乐地你追我赶，和他在的时候没有区别。原来自己的离开并没有给那些活着的人带来多大的痛苦和遗憾，他突然意识到：自己虽然不在了，但生活还在。就在他准备返回天堂的时候，他看到了一张曾经和亲友一起拍下的温馨的照片，春光灿烂的画面中，他正在十分投入地画画，旁边还有一首自己写下的小诗……

看到这些，他很想再感受一下带着花的芳香的微风拂面的美好，再享受一次雨水落在脸庞上的清爽；很想再给妈妈一个拥抱，告诉她他爱她；很想和曾经吵过架的朋友握手言和……但是现在，他只能想，却什么也做不了。

这就是一个十岁男孩离开人世之后的遗憾。此刻，当你还健康地活着，还能够读到这段文字，你就已经非常幸福。去做任何想做的事吧，趁你还来得及。

如果你还不知道应该去做什么，看看哈里怎么说吧："认真地去看每一次日出，在睡觉之前，绝对不要和任何人生气或者发生冲突，尤其不要伤害爱你的人和你爱的人，因为你很有可能在今天晚上躺下之后，就再也看不到明天的日出了……"

他是一个害羞的男人，几乎和妻子都很少说"我爱你"，更别提和自己的父母了。结婚之后，他就很少回家看父母了，因为工作忙，因为要照顾孩子，因为……总是有许多看似无法抽出时间的理由。

转变发生在三年前。三年前，他的父亲去世，留下了母亲一个人孤独地生活。父亲去世的时候，虽然他以最快的速度赶回家，但还是没见到父亲最后一面，从此阴阳两隔，那一刻，他心如刀绞。他后悔自己平常没有多抽空回家陪陪父亲，就连父亲平时最爱喝的铁观音也一直说买而最终没买，他以为一切都还来得及，生命却没有给他太多的时间去等待。

父亲的离世使他懂得了，有些东西错过了，就再也回不来了。所以尽管他依然很忙，但总是尽量抽出时间陪母亲，至今他依然清楚地记着自己第一次给母亲打电话提出约会时的情景。

那天晚上，他打电话给母亲，邀请她和自己共进晚餐，然后再一起散散步。母亲在电话那头用非常担忧的声音问他："你还好吗？是不是出什么事了？"他突然觉得鼻子一酸，他说："没什么事，我就是想和你单独待一会儿。"

母亲在电话那头沉思了一会儿，然后高兴地说："星期五晚上，你来接我。"

星期五晚上，当他开着车来到母亲家的时候，母亲已经打扮一新等在了门口。她头发梳得很整齐，化了一个淡淡的妆，显得精神很好。他看到母亲微笑地看着自己，像个孩子一样可爱，母亲似乎很久没有这样开心过了。

母亲在车上愉快地和他交谈，说一些家长里短。他安静地听着，时不时回应着母亲，鼓励母亲继续说下去。到了餐馆之后，母亲下车，挽着他的胳膊，母亲此刻心中的喜悦他分明能感受到。

他为母亲点了几个她平常爱吃的菜，每报一个菜名的时候，他都能看到母亲眼中一闪而过的惊喜。在吃饭的过程中，他们一直愉快地交谈着，恨不得时间在这一刻停留。

然后，他送母亲回家。在离家还有一段距离的时候，他停下车，陪母亲慢慢地走回去。他们安静地走着，母亲挽着他的胳膊，静静地享受月下的美好。

到家之后，母亲对他说："下周五，我是否有这个荣幸请你一起吃晚餐？"

他被母亲的幽默逗乐了，并高兴地点头表示同意。当母亲转身进屋的时候，他想起了一件很重要的事情，他走上前，给了母亲一个拥抱，在母亲的额头上轻轻一吻，然后暖暖地对母亲说："我爱你。"月光下，他看到了母亲眼中泛着的泪光。

第二个周五的晚餐母亲并没有来得及和他一起吃，因为那时，母亲已经因为心脏病突发去世了。母亲离开得那么突然，他甚至什么都没来得及准备。但是，每次想到母亲那个周五晚上的笑脸，他就会觉得很庆幸。

佛说：前世五百次的回眸，才换来今生的擦肩而过。要珍惜和每一个人的缘分，对那些在背后为你默默付出的人、和你一起面对风雨阳光的人、为你的驻足等待的人……不要羞于表达你的爱，因为他们都是你生命中的礼物，趁一切都还来得及，及时地告诉他们“我爱你”。一旦错过今天，明天或许就再也来不及了。

东隅已逝，桑榆未晚。人生并不是一趟列车或者一场比赛，迟到了、错过了，就再也赶不上了。人生中有许多事情可以重新来过，每一次都是新的开始，就像旅行，错过了这山的风景，还有下一座山的美丽，你只需要重新启程，重新开始而已。趁还来得及，赶快启程，别怕晚，别把遗憾留在明天。

心灵悟语

生命总有停止的时候，谁都不知道明天将会发生什么，谁也不清楚我们还剩多少个“以后”。为了不让自己的人生留下无法弥补的遗憾，趁现在，趁一切还来得及，开始去做那些你一直想做的事情吧。

运动让人精神愉悦

人生犹如百代过客，电光火石，来去匆匆。保持健康的身体，离不开运动。而且心情也要尽量放平和，在这样的情况下，生命在于运动，运动在于锻炼，锻炼贵在坚持，坚持就是胜利，运动对精神也是一种唤起，让人身心协调。

托尔斯泰说："一个埋头于脑力劳动的人，如果不经常活动四肢，那是一件极其痛苦的事情。"身体和心灵是构成我们健康机制的两个主要因素，它们之间是互相影响的，几乎是共同影响着我们的健康，所以二者的协调相处才能获得最好的健康、最好的心灵。很多时候，我们应该放下所有的负担，让身体在运动中变得轻盈，让心灵在运动中变得轻松，也许在现代生活中，这才是最佳的善待自我的方式。

生活就像骑自行车，要想保持平衡就要不断运动。但是现代人忙碌的生活有时占据了人们很多的时间，似乎每天都有很多事要做，整天面对的不是各种琐碎的工作，就是开会、接待客户等等；每天熬夜加班，熬成了熊猫眼，成堆的案头工作却好似永远也做不完；长期这样的状态，身体开始出现一些亚健康状态，腰酸背痛，精神萎靡……我们想过的生活却好像离自己越来越远，慢慢好像身体状况也越来越差，再也没有多余的精力去追逐梦想了。都市中的“大忙人”们好似更没有时间去健身运动和放松心情了，想要心情慵懒一下似乎成了一种奢侈，而我们的身体似乎已经够忙的了，根本没有“偷懒”的迹象。可是仔细推敲一下，我们是真的就一点时间也没有吗？当然不是。我们每天花在肥皂剧和娱乐节目上的时间一点也不少。

妙然就是这样的状态，她每天闹钟响了很多次才慢悠悠地起床，而快要到上班打卡时间的时候都是在百米冲刺的速度之下，赶着点儿地跑进办公室，气喘吁吁平稳以后，睡意就慢慢袭来，晚上因为熬夜加班或者看肥皂剧让她透支了一天的精力。可是在忙不完的工作面前，她的状态和效率就可想而知了。而下班以后回到家，又是一个恶性循环。这样的生活让妙然觉得自己简直累坏了，于是这样的恶性循环就让她每天下班一进家门恨不得立刻倒在床上先当半个小时“死尸”再说。吃完晚饭最大的享受就是窝进沙发一动不动的把所有电视频道换个遍，直到那些无聊的节目看得实在没得看了才肯爬上床去睡觉。这时时针往往已经坚挺地指向后半夜了。

当然，第二天理所当然地起不来，而起不来的结果当然又是没时间做大段的热身运动了，结果随着又一天的到来，妙然的心情不仅没有得到放松，也因为长时间不做任何运动连身体都越来越像一摊烂泥。

这是大多数都市人的生活写照，我们的身体越来越懒，越来越缺乏运动，越懒就越不想运动。很多时间，我们会认为是自己工作太累了或者是没休息好而造成的，其实更多的是我们的意识在偷懒。身体胖了还是小事，关键是我们的健康也跟着“亚”了起来。

身边的很多事例告诉我们：健康是不能偷懒的，越是感觉到自己的身心疲劳，越是应该换一种方式来唤醒它，否则有一天真的陷入疾病的泥沼后悔也就晚了。

实际上，慵懒的心情并不是怠惰的，像妙然那样将所有的业余时间都用来“装死尸”或者看肥皂剧，只能算是暂时性的逃避，我们在这个过程中没有给心灵汲取任何有用的养料，除了让生活越过越无聊之外是不会有任何好处的。

所以，从现在开始，无论是身体还是心灵，我们都应该予以最营养的方式去休整。除了运动之外，找一些自己喜欢的、好玩的事情来做，同样是对大脑的一种休息。忙里偷闲也是一种素质，抽出时间为自己的身心减减压，不仅不会影响你的前进步伐，还会让你在忙碌的生活中感受到一份轻松，创意也会随之而来。

心灵悟语

我们要想取得成功，就必须学会减压。当你将一件事情看得复杂且高不可攀的时候，压力便会随之而来；当你将一件事情简单化时，压力便会远离你。人生的目标也是一样，你若是将它简单化，并为之奋斗的时候，你会备感轻松，成功也就不会那么遥不可及了。

生活原本简单，复杂的是心

生活从来都不复杂，世界也很简单，复杂的，是我们自己。在波涛汹涌的生活海洋里远航，时间久了，人就学会了唯唯诺诺和谨谨慎慎，还有人学会了溜须拍马。有的人稍有不顺，就抱怨不断，不知道远航的终点究竟在哪里，能看到的，只是自己当时的心情：不快乐。

烦恼其实来源于我们自己，心灵之泉原本很清澈，每多一些烦恼和抱怨，泉水就浑浊一点，日积月累，我们甚至不能从泉水的倒影中读懂自己。那些戒备、烦恼、钩心斗角、尔虞我诈，早就该从泉水中抽离，这样，我们才能如释重负，活得潇洒。

有这么一件事儿，发生在农村。大年初一，一个农民一开门就发现自己家的大门口放着一个陶罐，装骨灰的那种。这事干得挺缺德的，大过年的，喜庆的气氛被这样一闹全都没了。

按理说，这件事情犯了忌讳，会让整村人都觉得不快乐，即使是城里人，可能也要叨咕半天。通常村里人的做法就是“干仗”，拼个你死我活。

然而，这个农民是个明理的人，他知道“冤家宜解不宜结”的道理，所以他想出了另外一个法子：他把陶罐拿到了田里，往里面装满泥土，并且种进去一棵梅花。

第二年的大年初一，梅花盛放，他蹑手蹑脚地走到仇人家门口，放下了花，走了。

这一天，仇人“当当”地敲他房门，显得很羞愧，是来赔礼道歉的，说：“兄弟，我输给你了！”

这真是个让人高兴的结局，用一个词来形容，叫作“双赢”，这是宽容的力量。世界从来都不复杂，复杂的是我们自己，如果我们能宽容别人，其实也就是善待了自己，那么，这个世界就会简单得多，纯净得多，美好得多。

心灵悟语

所有的心灵都渴望解放，所以，别让自己太复杂，多一些包容，让心胸更加宽广；多一份体谅，让生活更加美好。做到这些，你将会发现，生活绝对不是想象中的晦涩，而是充满了无限惊喜。

简单即幸福：给人生做减法